小户型收纳魔典 目录
巧用空间的收纳术

本书研究的是能够让家人擅长收纳的魔法，那么这种魔法到底是什么呢？

随着家族成员构成的变化，个人的生活与家庭成员的生活都会有所变化，这也体现在收纳上面。我们拜访了许多收纳达人的家庭，发现这些家庭都有共通的地方，物品摆放合理，易于收拾，易于取用。一切整理的方法都充分考虑到了家庭成员的感受。怎么让家人过得舒心？怎么才能创造出有个性的收纳风格？大家可以在本书中找到答案。

U0313013

1

整理收纳顾问本多佐织的独家心得

方便家人的独家收

本多佐织解决了很多家庭收纳整理方面的烦恼，在此她带来了一些独家心得。她认为，首先是观察自己的生活，下一个阶段才是收纳技巧。

布置1

大家都在为
收纳而烦恼

杂乱收纳所导致的3个浪费

1 到处寻找物品，造成时间上的浪费。
2 再次购买物品，造成金钱上的浪费。
3 以上浪费导致的精神上的浪费（压力）。

杂乱的原因究竟是什么？

"无法收拾房间""即便收拾好了也会很快变乱""收拾很整齐，但是却找不到要用的东西"，很多找我提供整理收纳服务的人都会有各种各样的收纳烦恼。

最让人苦恼的就是厨房和衣橱的收纳。储存室里面的东西繁多杂乱，使用时找不到要用的物品，这样一来，就会经常出现再度购买已有物品的情况。这不仅浪费了金钱，也使收纳过程中非必要物品增多，形成了一种恶性循环。

不仅是储存室，任何地方的收纳都容易发生这样的情况。如果东西在收纳的过程中没有被摆放整齐，房间变乱也是理所当然的。

是因为我们懒惰才导致的杂乱吗？其实不然，是收纳方式与生活和行动模式不相符而导致的。与其为改变自己的性格而苦恼，不如努力思考，找到属于自己的收纳方式。

即使身为整理收纳顾问的我以前也是懒惰一族。如果不能实现轻松把物品放回原位的效果，我就没有了收拾屋子的兴趣；如果不能轻松地取到物品，我就不能开心地使用这些物品。

即便懒惰也能够轻松整理，寻找与生活相符的收纳方法。

正因为我是这样的人，所以我的目标并不是整理，而是轻松的收纳。现在我们夫妇两人住的是拥有40多年房龄的两居室房屋（42m²），空间很狭窄，所以只要有一点杂乱物品，整个房间就会变成一个环境恶劣的居住空间。我希望在一个环境良好的空间居住，为此我必须忙碌地在房间里收拾，这让我很反感，也无法继续下去。所以，我必须建立一个不费力的收纳系统。我认为在收纳心得和收纳技巧的提升方面，这个狭窄的空间起到了很大的作用。

不管你的居住空间是大还是小，只要掌握与房间相符的收纳方法，就能够舒适地生活。总之，最基本的要点就是能够便捷地使用常用物品。

周边只需要摆放必要的物品，就能够幸福地生活。

幸福生活的重点便是严格选择自己所拥有的物品。不管怎么努力地进行收纳，如果物品堆积如山，也难以便捷地使用。所以，最重要的是想清楚自己需要的物品是什么，要将它摆放到房间的哪里。

有些人即使反复地进行收纳整理，自己的衣服也还是会乱。这并不是因为懒惰，而是因为买的衣服过多了。如果是我，我会问他们，假如因为火灾只能带走5件衣服，那么你会选择哪几件呢？也许是1件也没有。

没有购买自己想要的东西，而只是为了满足自己的占有欲，这样的购买是永无止境的。如果真正拥有了自己想要的东西，那就没有必要买其他多余的东西了。想清楚这件东西是否是自己现在需要的，还有没有其他更能满足自己生活的东西？

将东西买回家的时候，请将自己家里的物品都想一遍，生活中你必须充分地掌握这种技能。想想这件东西是否耐用，每次用它的时候，你是否开心。

在周围只摆放自己需要的物品，这样的生活所拥有的舒适度会远远超出你的想象。并且，东西的数量也无需过多。

纳术

整理收纳顾问本多佐织

本多佐织在还是家庭主妇的时候就取得了整理收纳顾问的资格，在东京一些机构中提供个人住宅整理收纳服务。2012年成为《流行消费》（日本教育电视台）的嘉宾。2013年，发行出版了博客同名书籍《打造易于整理的房间》（WANI BOOKS），在许多杂志上也刊登过多篇文章。

布置2

整理并不是后期的收拾，而是一种前期的准备

首先要从必须整理的部分开始。

比方说，你要准备料理的时候，洗菜池里面堆积着要洗的碗筷，那你的动力就会有所下降。所以，要从必须整理的部分开始做起。如果你不在此处下点工夫，恐怕你在准备料理的时候还要花一番大工夫。

涂抹护肤品的时候，你愿意在收纳架上到处找而找不到吗？为了护肤，我们有必要在桌子上留出护肤品摆放的空间。不然就很有可能产生"算了，下次再找吧"等类似的想法，那些特意买的护肤用品也无法派上用场。

如果能够把整理当作一种习惯，那么就是一种成功的收纳。

在日常生活中，每个人都有很多不得不做的事情，如家务活、照顾家人等。在这个过程中，将整理当作一种习惯并不是一件简单的事情。由于疲劳就对房间的杂乱视而不见，就永远养不成这习惯！

如果将整理当作一种迎接第二天的准备又会是怎么样呢？事实证明，第二天早上从整理干净的房间醒来和从杂乱房屋中醒来的心情是有很大差距的，我们应该能够体会到这两者之间的不同。睡前将房屋整理干净，早晨（一天的开始）在干净的环境下醒来，该是一种怎么的心情呢？日积月累后便会产生一种足以改变日常生活的差距。

比如你想养成喝咖啡的习惯或者打算比以前更注重打扮。整理能够帮助你实现心中的憧憬，它理应成为你走向丰富生活的第一步。

你的家人也是如此。你的丈夫如果能在干净的房间中醒来，他的心情一定比在杂乱房间中醒来要好。也许他能以更加良好的情绪开始一天的生活，能够好好地坐下来吃顿早饭，说不定你夫妻俩的对话气氛也会变好。你的小孩也能自然而然地形成一种意识，认为只有这样早晨才是美好的。所以，整理是生活的基础。

我也是出于以上的想法才在睡前将屋子整理地干干净净。为此我进行的是一种易于整理的收纳。在疲劳困乏的晚上整理房间，打开厨柜等进行复杂的收纳，我是没有兴趣做的。最重要的是尽量不要把有用的物品收纳得过于分散。只有伸一下手或走一步就能够拿到物品的收纳才能让每天的整理不会无休止地继续下去，而且也能够让整理成为一种习惯。

反过来说，如果你觉得整理非常麻烦，无法成为一种习惯，那么你可能要改变一下你的收纳方式。

检查你的房间是否易于收拾！

你常在哪里读书？在读书地方的附近是否有钢笔和本子的摆放位置？取物品时是否经常要想一下，是否需要到处寻找？你喝茶的地方在哪里？在它的附近有没有茶盘或茶杯垫？泡茶的地方旁边有没有厨房？

常用的物品没有放在明显的地方，只用了一次的物品反而零散地摆放在外面，不用的东西占据了易于取放的位置，这些不符合行动模式的收纳将会导致房间的杂乱。我们说的难以取放的收纳正是如此。

我认为，收纳过程中20％是干劲，80％是轻松收纳的方法。不论怎样，都不要放弃，不要有"难以收拾"的想法。如果抽屉（不管是多么小的抽屉）的收纳让你感到有压力，那么请尝试调整自己的收纳方法吧！因为让房间变得更加整齐的方法是一定存在的。

这是迈向丰富生活的第一步。

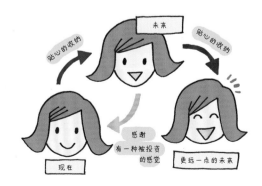

考虑到未来的自己，这种贴心的收纳与自己的投资息息相关。事实上如果能够感觉到这种贴心，那么也能够成为未来投资的动力。这是一个良性循环。

思考一种
符合自身风格的收纳

抛开固有的观念，想像你会怎么使用物品。

接下来，我们先来寻找符合自身生活的轻松的收纳方式。要想找出这种收纳方式，我们要做什么呢？例如，有些人总抱着一种错误的观念，认为将所有物品收起来才是收纳。这是不行的，为什么呢？因为这种收纳方式并不符合我们的生活模式，东西是为了使用才购买的，并不是为了整齐收纳而购买的。到底要把这些东西放在哪里？首先我们要考虑最易于取放的位置，然后再做出决定。

原本是起居室用的东西却放在洗手间里面，明明是经常翻阅的书籍却放在书架的最里面。这样一来，使用的时候就要花不少工夫，把它放回原位也要花不少工夫。不把东西放回原位，就这样把东西随意放置，过几天之后，空间便在不知不觉中变得杂乱起来。

所以，请你注意这种随意放置物品的行为。最好就是把常用地点的附近当做收纳场所。经常在玄关穿脱的小孩外衣就收纳在玄关，经常放在厨房的提包就收纳在厨房。如果说你的衣橱里面有提包的位置，每天把提包放回衣橱就没有问题了。但是，如果提包一直放在厨房，那么就尝试着抛开这些习惯吧！找个位置好好地把东西放起来，这样就不会出现杂乱的问题了。

最重要的是让收纳贴近人的生活，不要抱有顽固的想法，比如"这个物品必须放在这里""必须这样进行收纳"等。请你做一个具体的模拟，想象一下使用该物品时会发生的情况。

是否存在正确的收纳。

在提供整理收纳服务的过程中，我从顾客那里听到过许多问题，其中问的最多的便是"大家都是怎么做的"这个问题。

我明白大家的心情，这是一种希望能够听到更多范例来作为参考的想法。所以，我会告诉他们，有人是这样做的，有人是那样做的，并没有什么固定的解答方法，收纳不是照搬照抄就能做好的。

根据性格、生活习惯、自己所拥有的物品、收纳空间等因素的不同，收纳方法也是千差万别的。如果一定要寻求根本不存在的正确方法，那么收纳时就只会想着"应该还有更好的收纳方法吧"，而背负着压力进行收纳。但是，如果你发现了好的收纳方法，一定要尝试着将你想到的方法付诸行动。

并且，充分吸取自己从行动中得出的经验，调整收纳方法，这个也很重要。"这种方法也试试看""如果这种不行的话，那就试试那一种"，一边不断地尝试，一边改进自己的收纳方法。

另外，即使同样的人住在同样的房间里，人的生活状态有时也会发生变动。即使一开始有了一次正确的收纳，以后也有必要做一些调整。因为人的兴趣可能会发生变化，生活也会发生变化。

备齐必需品，减少多余物。在家中待得最久的地方就是起居室，因此我想把起居室打造成一个能让人放松心情，感觉格外舒适的空间。

将篮子吊挂在进玄关后马上就能看到的位置。这个篮子是供丈夫使用的。他回来以后就能够将物品放入篮子，出门的时候也能方便地从篮子里面取出物品。

方便家人的收纳能够造就圆满的生活

打造能够让家人感到轻松的简易系统。

无论自己怎样努力收纳，丈夫和孩子还是会若无其事地乱丢东西。一说到这个话题，许多人都有很多苦水。当然，这可能是因为丈夫和孩子的整理意识较差所致。也正因为如此，我们才有必要寻找一些符合行动模式的收纳方法。不要忽视家人生活模式的收纳方法，因为那样只会导致争吵。

比方说，袋子一直都放在那里，但是丈夫却老是在找袋子。所以，我必须得在他经过的地方再放上一个篮子，让他能够把东西都放入篮子里；孩子总是一进门就开始脱衣服，丢得满地都是。所以，我就必须在玄关处放上一个收纳箱，让他能够把衣服放到箱子里。

这样一来，即便是整理意识较差的人也能够简单地完成这个收纳过程，这才是重点。如果你一定要让他们去平常没有去过的房间放东西，他们也不一定会去，就算会，可能也只是去一两次，甚至有可能直接将东西扔在盖子上就完事。所以，我们要尽可能地克服困难，预先将收纳箱或者篮子摆好。

我在玄关处放置了一个篮子，供丈夫外出回来时使用（照片如下）。老实说，我并不喜欢在显眼的地方看到丈夫的香烟，但只有这样做才能够帮助我达到让丈夫不再到处找东西的目的。既然这个家并不只是我一个人的，所以一定的妥协和让步也是很必要的。

另外，我经常会听到一些主妇抱怨，说丈夫有时也会帮忙做饭，但是帮着帮着就不知道东西去哪里了。这时我们需要做一些努力，比如将相关的食材集中收纳在一起、将食材放入容易看见的收纳箱内、在食材上贴上标签等。当然，我们也要争取一下家人的意见。

本多家的收纳重点

经常翻阅的书、杂志以及护肤品放在显眼的地方。以前是放置在沙发的下面，但是现在把它放置在显眼的位置上，这样一来，取放就变得十分方便，我们也可以放置一个立着的旧木箱。

我们为什么要把东西收纳在这里？说明收纳原委也是很重要的。这样也能够加深我们与家人之间的沟通交流，吸取家人的意见。也有人抱怨丈夫老是买很多相同的食材回家。其实我们可以与家人沟通，让他们了解到买回来的食材还剩下多少，家里是否还有多余的空间可以储存。如果他们能够理解的话，就能在一定程度上防止购物过量。

总而言之，明显化是最重要的收纳方式。

购买物品时，原本是有使用想法的，但是买回来以后，却根本没有用上。很多人将东西收好后就忘记了它的存在，这也导致了上述问题的产生。对不在眼前出现的事物保持意识和注意是很困难的，尤其小孩子更是如此。如果他将一个玩具放到什么标记也没有的箱子里面，一旦这个玩具的流行度减退，他就会忘记它的存在。

所谓整理，就是让这些东西明显化。打开抽屉就能够看见，从半透明的收纳盒里就可以隐约感觉地东西的存在，这些东西出现在眼前的次数越多，进入头脑的可能性就越大。

反过来也不行，就像例子中所说的那样，过分地收纳会让物品不知所踪，完全隐蔽了起来。原本我们是为了使用而收纳的，现在却因为收纳而忘记了他们的存在，这是一种本末倒置的结果。

如果我们只是把常用物品收纳起来，那么该物品就无法发挥它的作用。我们可以将物品吊挂或者立放在使用场所，这样物品就会经常出现在我们眼前，我们也就更容易挑选自己喜欢的物品。如果房间四周都有自己喜欢的物件，我们的整理热情肯定也会有所提高。

抽屉下面的架子可以说是指甲钳和穴位球的固定位置。我考虑了一下坐在这里经常会做的事，发现其实在这里会做到的事情很少。但是在做的时候，准备好必备的物品，这样就可以更加方便了。

方便家人的收纳技巧

方便使用和收拾的收纳可以节约家人的时间,这里有许多创意,让你每天都能毫无压力地处理众多杂事。

为了让早晨的准备工作顺利,你该做些什么呢?

为了不浪费时间所进行的衣物分配。

家里唯一可以进行收纳的壁橱。为了让里面的收纳空间变得更大,我们应该让物品的使用变得更加简便。怎样才能毫无浪费地利用里面的空间呢?我们会重复试验,从错误中积累经验。

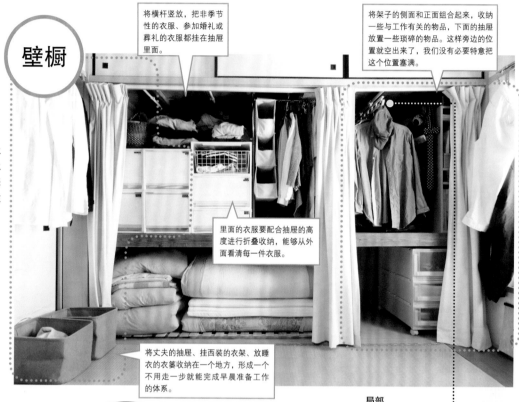

壁橱

将横杆竖放,把非季节性的衣服、参加婚礼或葬礼的衣服都挂在抽屉里面。

将架子的侧面和正面组合起来,收纳一些与工作有关的物品,下面的抽屉放置一些琐碎的物品。这样旁边的位置就空出来了,我们没有必要特意把这个位置塞满。

里面的衣服要配合抽屉的高度进行折叠收纳,能够从外面看清每一件衣服。

将丈夫的抽屉、挂西装的衣架、放睡衣的衣篓收纳在一个地方,形成一个不用走一步就能完成早晨准备工作的体系。

局部

将丈夫的反季节衣服收纳在衣服架的杆子上。由于旁边没有空余的空间,所以即使不把衣服挂出来也能够收纳到衣服架的里面。

轻松的收纳也能够节约时间

洗漱间的收纳也不能放松!

利用白色盒子和容器以及让物品变得整齐的洗衣架进行收纳。洗完澡后随手就能拿到毛巾和上衣,而且还能方便地从旁边的洗漱台上拿到护肤品等。

应该怎么办呢?不清楚的朋友一定要看哦!

收纳整理的基本顺序

1 从收纳架中拿出里面的东西。

如果你觉得收纳架的整体(食品储存室,盥洗室等)或需要整理的部分区域(比如餐具类,衣服类等)存在问题,就把里面的东西都拿出来。什么都不要考虑,先清空这个空间。这样才可以很好地把握此收纳空间。

2 按照大致的标准分类物品。

将拿出的物品进行初次的分类。比如从食物储存室里拿出的罐头、速食食品、饮料,从盥洗室里面拿出的上衣、内衣、护腿。到这一步我们终于可以知道自己到底有什么东西,然后按照种类进行统计,这在防止自己购买过量方面非常有效果。

3 进行分类:常用的和不常用的。

处理掉那些不用的东西,并进行分类,主要是常用的、不常用的、偶尔使用的。如果不进行分类,我们就无法制定出符合自己生活的收纳计划。由于我们在上一步中已经进行了分类,所以不用的东西(多个物品却有相同的用途)就变得明确起来了。

厨房的小炉灶下面很难取放物品，应该怎么进行收纳呢？

用杆和挂钩来实现收纳。

在厨房这个有限的空间里我们必须收纳更多的物品。我们可以通过架杆的方法增加收纳的空间，也可以在门后挂挂钩，利用这个方便取物的绝佳位置。悬挂收纳不会干扰到其他空间，还能够实现快捷取放物品的功能，非常便利。

局部

把悬挂架挂在2根杆上，这样就能够收纳稳定性较差的锅盖。

毛巾等需要收纳的编织物品该怎么办呢？

无需折叠便可以放入，实现轻松的收纳。

洗好后晒干，不用折叠，就这样把编织物品放入包里。挂在洗衣架上的下装也可以用这种方法进行收纳，但是要适量，在实现轻松的同时，也必须易于选用和取放。

应该怎么收拾开放空间的灰尘呢？

放好托盘，让灰尘集中在托盘上，实现轻松的打扫。

为了能够轻松转移物品并便于擦拭，我们要将相同种类的物品集中到托盘上。"好的收纳＝便于打扫的收纳"，只需要偶尔洗一下托盘即可。

4 要充分考虑空间与物品，并建立收纳计划。

目前为止，放在里层还没使用过的物品以及一些"常用物"要放置在易于取放的位置。偶尔使用的物品可以放在里层或上层等较难取放的位置，总之，请确定好物品的固定位置。

*使用收纳箱的时候，我们要仔细测量收纳空间与放入物的尺寸大小，测量完毕后再前往购买。我推荐大家用正方形收纳箱，这款收纳箱能够充分地利用空间。

5 贴好标签，把握收纳箱的内容。

为了能够让家人都知道收纳箱内放着什么东西，我们要用标签或隐蔽胶带做标注。如果收纳箱内有许多种类的物品时，请尽可能地在标签上详细填写。通过这种方法来防止重复购买、过量购买和无目的寻找等问题发生。另外，它也能为整理工作带来便利性。

6 检验我们的收纳是否合理、合适。

我们可以对收纳区域实实在在地检验一段时间，确认这种收纳方式是否正确。如果产生"比想象得要难拿""整理一点都不轻松"的想法时，就要重新调整收纳方式。如果能让调整收纳方式成为一种习惯，那么我们的生活意识就能得到提高，生活环境就会变得舒适。

Q 你的收纳烦恼是什么呢?

在基本烦恼中排名前两位的分别是物品过多和衣橱等收纳空间凌乱。另外,还有一个关注重点让人觉得很意外,即很多朋友认为小朋友的玩具让家里变得杂乱。

衣橱里的物品过多,难以寻找!

其他 22%

与物品的数量相比,收纳空间过少或不足 27%

由于丈夫不想丢弃而导致物品过多!

厨房用品杂乱,难以打扫!

物品放在哪里? 10%

收纳空间里面的物品杂乱 26%

孩子自己无法整理玩具!

小孩子将东西拿出来后没有放回原位而导致的杂乱 15%

问卷调查! 在家庭收纳方面,

我们在网上对目标对象进行了问卷调查。这里我们集中了352位朋友的回答,

感到烦恼的人 87%

Q 最难以收纳的空间究竟是哪里呢?

毫无疑问,排名第一的是空间有限(有内层的衣橱和壁橱)。与儿童房相比,起居室更容易发生因儿童玩具乱放而杂乱的现象。另外,由于厨房物品过于琐碎,所以难以实现整洁的收纳,这也是一个问题。

儿童服过多,衣橱凌乱!

其他 21%

儿童房 10%

衣橱&壁橱 36%

丈夫不擅长整理,壁橱和卧室杂乱!

孩子的东西总是随地乱扔!

厨房 16%

起居室 17%

起居室内放满了孩子的玩具!

厨房到底有些什么东西,连我也不是很清楚。

Q 购买收纳物品的商店在哪里呢？

很多人都喜欢样式好看、收纳能力强的物品，其中宜家的收纳物品排名第一。另外，功能性很强的无印良品和NITORI（宜得利）也上了榜单。在衣橱和壁橱这个有限的空间里，我们要追求的是简单和便捷。

我想要宜家的收纳箱，无论是颜色还是花纹都很丰富多变！

其他
20%

宜家
30%

LOFT
8%

TOKYU HANDST
9%

无印良品
18%

NITORI
15%

无印良品的单品很多，而且能够买足一套。

NITORI的分店也有很多。大家可以查一下。

你到底有什么烦恼？

这些意见都很宝贵！大家可以看看哪种方法更适合自己。

无印良品的聚乙烯收纳用品系列！

其他
17%

易于取放的
收纳物品
15%

能够活用废弃空间的
物品
48%

易于看到里面
东西的收纳物品
20%

挂在门上的挂钩！

Q 我们推荐大家使用什么样的收纳物品呢？

大多数人会买一些能够有效运用废弃空间的收纳物品，比如挂在门上的挂钩、增设一些架子。另外，也有大多数人表示可以使用一眼就能让人明白的收纳物品——无印良品的聚乙烯透明箱子。

挂在墙上的带吸盘的挂钩！

百元商店的塑料箱种类丰富！

带轮子的透明塑料收纳箱子！

让家里的所有成员

"让丈夫和孩子都能进行的简易收纳。""能够干净利落地将大量的物品收纳起来。"5个基本收纳法则为你营造一个舒适的家庭环境。

丈夫也能做到

丈夫专用的衣橱要实现简单、方便、目的明确。

1.将出差用的衣服物品分类整理后收纳到托盘里，这是一种常识。2.可以按照用途进行分类，上方放置工作日要用的小物品，下方放置非季节的衬衫。3.用专用的挂钩来摆放皮带。

方便家人的收纳才是我们最需要考虑的。

正是因为我们与家人一起生活，所以才不能只考虑自己。对所有使用者而言，便利的收纳是非常重要的。如果我们能花一些工夫，让丈夫和孩子都能轻松完成整理工作，那么因为家人乱丢东西而无法保持房间整齐的烦恼就能够解决了。

采用挂钩收纳，重视取放的便利性。

4、6.经常使用的汤勺和锅铲可以吊挂在墙壁上，为了便于取放，尽量让它们保持同一方向。5.重的家用电器放在柜子的下面，不要把东西放置地过于拥挤，这是易于取放东西的秘诀。7.放置做饭时用到的主要调味料时注意，由于我们要一边做饭一边添加调味料，所以最好在炉子的旁边增设一个专门用来放置调味料的开放式置物架。

增加烹饪便利性

孩子要用的东西尽量放在他们的手能够到的位置。

8.我们可以把孩子外出时需要的配套衣物挂在杆子上，杆子要根据孩子的身高进行设置。9.由于孩子要自己取袜子和裤子，所以我们要把袜子和裤子放在衣橱的下方。10.孩子前往足球社团之前，常常需要吃一些营养食品和零食。我们可以把这些食品放置在孩子能够取到的抽屉里面。

考虑小孩身高

都变成收纳达人!

首先我们要学习基本的收纳想法，这是迈向理想收纳的第一步。

如果是贴有标签的收纳箱，要做到即便取下标签也能清楚地知道里面存放的物品。

1.在这里我们可以灵活使用宜家的收纳箱。2.衣橱的上方是我们经常取放物品的地方。在收纳箱外做标记，以方便我们选用和放置物品。3.有些物品我们会放置在吊柜等很难看到的高处，所以贴上标签能够方便管理。

标签

让收纳明晰化，让人知道里面的内容。

如果能够拥有一眼就能把握收纳箱中物品的功夫的话，就能够实现便捷有效的收纳。什么东西放在什么地方，如果我们能够一目了然的话，就能快速取出自己需要的物品，也清楚物品放回的位置。这样家里就能保持整洁了。

立式收纳

将物品立起来，花纹显而易见，便于使用者挑选。

4.对照盒子的大小，将毛巾立放起来进行立式收纳。由于颜色和花纹都非常明显，所以盒子中放置的物品能一目了然。5.用收纳篓立式收纳能够帮助使用者弄清收纳在里面的物品。6.如果把衬衫也立放起来，衬衫的花纹也能明显地进入使用者的眼帘，便于使用者挑选。

透明塑料箱

即便已经收纳完毕，我们也能够看清里面的物品，这是一种有效的收纳。

7.非季节的衣服可以放到透明塑料箱里面。换季的时候，用箱子进行衣物更换的收纳。8.将一些琐碎的饰品分类后放入半透明的收纳抽屉里。由于是半透明的，所以即便盖上箱盖，也能够知道里面的物品是什么，便于挑选。

增加收纳场所

利用挂钩和储物架来增设收纳区域。

1.安装在墙壁上的开放式置物架大幅度提高了厨房的收纳能力。2.利用挂钩来增设墙壁的收纳空间。3.在窗户旁边设置储物架。4.门后的闲置空间可以用来挂锅盖。5.利用迷你小挂钩，将置物架分成两段。

利用带把手的收纳箱可以提升收纳能力。

6、7.衣橱上方可以放置一个活动型的收纳箱，易于拆装。8.我们可以把一些轻的物品放在托盘上，将托盘放进悬挂储物柜里面，这样取放物品就很方便了。如果放置位置较高，我们可以利用把手来减少不必要的麻烦。9.如果是竖把手，那么从高位置取放东西就很方便。

带把手的收纳箱提升收纳力

灵活运用废弃的空间，扩大物品的容量

不管你多么注意，只要有家里人在，房屋里的东西就会在不知不觉中增多。"东西太多了，收纳空间根本不足"，我们在发出上述感叹之前，请把注意力放在废弃的空间上，反思一下，我们有没有灵活地运用废弃空间。只要些许创意，家里的收纳能力就能够大幅度地提高。

利用夹层节省空间

如果我们能够利用好夹层，收纳能力就能够提高。

10.利用竖放的塑料盒来灵活运用夹层空间。11.为了更有效率地利用水槽下方的空间，我们可以利用抽屉来进行收纳。12.如图放置的话，就可以轻松地拿出体积较大的锅。13.我们也可以将挂钩竖放。这样就能够大幅度地提高收纳能力。

设置临时放置点能够防止房间的杂乱。

1.冰箱里面要留出一些空间，做为剩饭和糕点的放置场所。2.下班回家后，我们可以把提包放在提篮里面，外出时一下子就能拿包出门，很好地提高了效率。3.如果我们把孩子的书本和教材都收集到托盘里，就能缩短整理的时间。

设置临时放置场所

设置一个临时的放置点，用来放置无合适存放场所的物品，这是防止房间杂乱的秘诀。这样一来，孩子和丈夫乱放东西的问题就能解决了。我们不仅要实现完美的收纳，更要让家人感受到贴心和舒适，这是成为收纳达人的必备条件。

装饰收纳空间

收纳空间的功能性很重要，但是外在的效果也是收纳的重要因素。将器皿挨个摆放、灵活利用收纳物品，这些都能起到装饰点缀的作用。使用频度较高的物品要运用收纳技巧，让我们伸手即可拿到，这是我们必须注意的一点。做到上述几点，我们就能实现空间整洁且高效率的生活。

常用物品的收纳要明显化

4.桌子旁边的提篮可以说是孩子课本的固定位置。5.调味料瓶子要放在厨房炉子的旁边。这样我们可以在做饭时方便地添加调味料。6.整理孩子的玩具并放入行李箱里，在箱子上贴上标签，标签也可以成为一种装饰。7.起居室里面经常会将一些物品作为展示摆放出来，比如孩子的绘本。

从下一页起我们开始揭秘达人们的收纳技巧。

宜家（日本）
商务广告策划团队项目负责人
塚田大介
他统率着各个店铺销售区域的项目团队。三口之家，与太太、女儿一起住在横滨，是一个独门独户的3层3居室。

宜家（日本）
可持续发展部门经理
八木俊明
负责实现宜家在日本的企业目标。与妻子（英国人）居住在70m²的3居室公寓里。

宜家 无印

我们能够从以上这品牌的人气商

收纳博主
mii
两个小男孩的母亲。由于她的收纳技巧兼具高质量的功能美和清爽感，所以拥有众多的粉丝。

宜家（日本） 销售经理
小林麻希子
协助区域经理管理销售的专业化事务。独自住在东京都中心，是一个42m²的1居室。

宜家（日本） 食品经理
中田总一郎
负责范围是宜家新三乡的食品市场、饭店、小酒馆。四口之家，居住在神奈川县，是一个2层3居室。

宜家（日本） 室内装饰记者
安东史绘
担任宣传活动相关设计的监督。与搭档一起居住在东京都目黑区，是一个45m²的起居室。

良品 NITORI

店里获得更便捷的收纳创意

我们可以参观一下收纳专家的房间，房间里面采用了3大家居品牌的人气商店的收纳物品。避免杂乱、外表整洁、易于收拾，为你介绍打造理想生活的收纳术。由于房间里面使用的都是实际购买的收纳物品，所以我们承诺这些物品都是可以买到的。

收纳博主
Candy
他灵活运用了无印良品和NITORI的收纳物品，并在收纳的同时注重了装饰性。http://plaza.rakuten.co.jp/whiteinterior

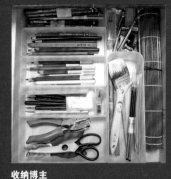

收纳博主
PUKI
目前是提包和日用百货的设计师。将自己的独特品味运用在家居设计里，研究出很多高水平的收纳和装饰技巧。http://ameblo.jp/puku–bog

收纳博主
coyuki
在无印良品、NITORI和小商品店铺里买回了一些收纳物品，是一位收纳技巧很受欢迎的收纳博主。http://littlehome.jugem.jp

追踪 宜家 职员的 收纳技巧

我们将会在这里看到一些处理收纳物品的专业技术，从基本的家具到便利的收纳物品，应有尽有。通过一些整理方法和配置规律，让大家感受一下收纳物品的改变程度！

创意家具既可以装饰开放式收纳空间，又能隐藏在带门的搁架上，甚至还可以收纳在废弃空间里。我们会介绍一些与生活风格和房屋风格相符合的收纳家具的选择方法和使

技巧 **明显化或隐蔽化都需要的收纳物——开放式搁架！起居室收纳全搞定！**

●安东史绘

宜家

可以在墙壁的一面配置一个宜家"IVAR系列"搁架。由于这个搁架是开放式的，所以丝毫没有压迫感！它既可以作为装饰，又可以实现完美的收纳！我们可以将一些富有生活气息的物品收纳在盒子或者是文件盒里，这样就能实现完美的隐藏式收纳！

下面的部分可以采用脚轮式收纳箱，这样即便是重物也可以实现轻松拖拽。

CD等重物可以放置在易于取放的下方。如果是带脚轮的收纳箱，单手就可以拉出来。我们可以把一些与自己感兴趣的DVD、CD和书籍都放在下面的抽屉里。

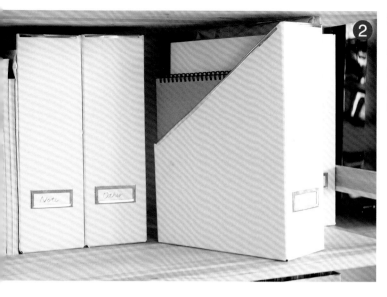

② 我们可以在盒子里面放入一些迷你小盒子,进一步增加收纳力。

工作中要用到的文具都可以放到盒子里,把它们集中到一个地方。根据物品的种类,我们可以使用不同的迷你盒子。当我们要使用的时候,只需要从相应的盒子里拿出物品即可,大大提高了效率。

> 不常用的东西放在下方。

> 我们可以把迷你小盒的内部空间分为两个部分。

厨房的一侧可以用一些调味料的瓶罐装饰,较轻的布料放在上方。

我们可以把调味器具、食谱等与料理相关的物品放置在离房间较近的地方。按照这样的思路来决定放置场所,做饭也会比较轻松。我们可以把要放在上方的一些较轻的布料塞进带把手的篮子里面,这样我们单手就可以轻松地把物品取出来了。

❸

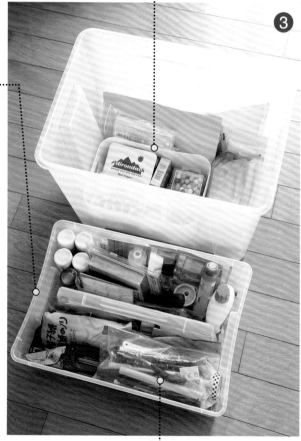

④

> 里面是厨房。

> 仅把一些常用的物品放到宜家"ISTAD系列"的收纳袋里。

宜家

技巧 **运用多功能家具将废弃空间变为收纳空间。**

打开！

体积较小的文件可以整体放进橱柜里面!

大容量的橱柜平时可以当作桌子使用，同时它也是起居室里面宝贵的收纳空间。可以把一些工作资料和未读完的书全都放进里面。

●小林麻希子

我们可以把衣服和毛巾放到靠垫里面！

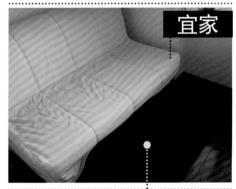

宜家

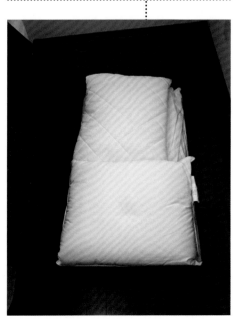

既可以用来收纳冬天的棉被和毛巾，又可以作为靠垫使用。

摩洛哥传统的宜家"PUCH系列"靠垫是一种可以将衣服和毛巾放进去的收纳物。我们可以把不用的织物放到里面。既可以作为收纳空间，又可以起到装饰作用，一举两得。

●小林麻希子

客人用的棉被可以放进"LYCKSELE系列"的沙发床里面。

我们可以在房间里面放置一个沙发床（宜家LYCKSELE系列），用来储存床上用品。如果我们能够把客用棉被从衣橱转移到其他地方，那么就能够充分保证衣服分类的空间。

●八木俊明

将起居室里要用的物品归拢到搁板上。

为了把起居室里晚餐的酒具和客用餐具归拢到一个地方，我们设置了一个搁板。搁板上放置的物品分量要有所限制，布局要留有空隙，这样才能方便使用者取放。

●塚田大介

宜家

打开！

麻绳、电线等可以归拢到篮子里面，这样也可以防尘。

如果把易缠绕在一起的毛线类物品也放入篮子里，就会既整洁又可爱。我们可以把清洁器放在篮子上面，吸走毛线物品周围的灰尘。

●安东史绘

固定好遥控器的位置，尽量在我们手可触及的范围内，这样可以防止散乱。

我们可以把遥控器放到沙发附近的小盒里。最重要的是应固定好遥控器的位置，尽量在我们手可触及的范围。这样一来，即便是懒散的人也会养成用完遥控器后放回原位的习惯！

●塚田大介

为了更有效率地使用收纳物品，我们要充分地利用有限的空间。哪个地方有哪些东西，要做到一目了然。下面我们来看看能够实现高效收纳的衣橱收纳技巧吧！

打开！

技巧 **挂衣服的长度与衣服收纳箱的高度要保持一致。**

重叠在一起的收纳盒要留出高度差，我们可以把这个差距调整到与挂在衣服架上的衣服长度相同，这是一种有效运用衣橱空间的技巧。
●安东史绘

局部！

➕

技巧 **收纳盒要进行分类！按照穿衣顺序决定放置衣服的场所。**

按照袜子、下装、内衣、毛巾等衣物的大小来重叠收纳箱。"从下方开始，按照下装、袜子、内衣、T恤等更换流程的顺序来叠放。"
●安东史绘

技巧 **立式收纳能使衣物的花纹明显化，无需翻找即可取到T恤。**

这是一种特别方便的技巧，让人一眼就可以看到挨放在一起的全部衣物。"难以折叠的短裤和易皱的衣服要平放或挂在衣架上。"
●安东史绘

技巧 **灵活运用门后到上方置物架的空间。**

1.我们可以在衣橱门后设置一个吊挂收纳架。由于这个收纳架是半透明的,所以我们能够马上找到需要的衣服。2.宜家"SKUBB BOX系列"的收纳盒可以用来放置围巾等小物件。"

●小林麻希子

技巧 **临时存放的迷你衣橱可以防止散乱。**

我们可以在玄关前面的顶棚用铁丝吊一根木棒,设置一个临时迷你衣橱。"脱下的外衣和披肩都可以暂时放在这里。这样房间就不容易变乱了。"

●安东史绘

局部!

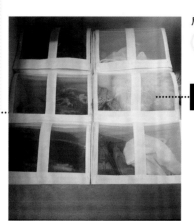

宜家

为了外出时能取到手帕,我们可以将其放到篮子里面。

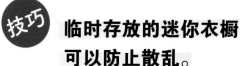

宜家

技巧 **用盒子对物品进行细分,即便物品再多,也能够快速找到。**

3.9行×2列的吊挂架收纳能力很强。4.如果是抽屉类的收纳盒,即便塞入很多东西,我们也能够很方便地取到夹层里的物品。5.抽屉也可以成为T恤等折叠衣服的放置场所。

●八木俊明

技巧

厨房的抽屉要沿着操作路线来设置。

如果我们想打造一个便于使用的厨房,就必须充分运用抽屉的收纳技巧。从放置物品场所的规律方面到抽屉内部的小技巧方面,我们都有很多不错的创意。

放置规则是要将物品放在离使用地较近的抽屉里。水槽下面放锅等炊具,炉子下面放调味品,料理台上面放家用电器。这样一来,厨房整体感觉就会比较舒适,能给人带来注重效率的感受。
●塚田大介

料理台下方

清洗完毕后即刻就可放置进去。这是较重锅类器具的固定位置。

平底煎锅等锅类器具都可以归拢到水槽的下方。清洗后能够在最短距离内将锅放好。为了利用好抽屉里层的空间,我们可以放入一些迷你搁架板,将抽屉分为2段进行收纳。

毛巾类的物品要按照尺寸和厚度进行立式收纳。

清洗餐具时要用到的毛巾类物品可以放到水槽下方的抽屉里面。根据长度和厚度来进行分类,这样我们就能够清楚地进行选择。立式收纳法让取放物品的简便度得到了大大地提升。

透明塑料箱

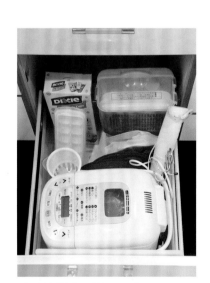

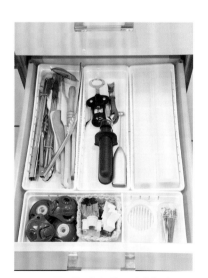

夹层较深的下方可以用来放置厨房家电。

我们可以把大的厨房家电收纳到料理台下方最深的抽屉里面。通过设置易于取放的场所,避免很多人的苦恼。"一个一个拿出来才能使用很麻烦,买了家电,但是基本上都不用。"

可以用塑料盒对较小的刀具等进行分类。

开瓶器、牙签、饼干模具等较小的物品可以分类放置到小塑料盒里,这样能够避免杂乱。这些物品都放在料理台下的抽屉里面,所以便于我们一边做饭一边取放物品。

可以把餐具分类放置到托盘上,便于寻找。

我们可以按照筷子、调羹、刀叉的分类进行收纳,这样不论是谁都能一目了然。同一系列的物品摆放在一起,既美观又有统一感。

将矮杯子摆放在抽屉里面，给人一目了然之感。

把带手柄的杯子和茶杯摆放在抽屉里面，让我们一眼就能看到抽屉里面的东西。这样就能快速地拿出抽屉里面的东西。所以，与其放入餐具架，不如根据使用情况进行放置。

配套使用的物品尽量放在一起，可以缩短家务时间。

放调味品的塑料盒以及便当盒等器皿基本上都是配套使用的，如果我们把它们放在一起，就能方便我们的家务。同时也可以缩短每天早晨制作便当的时间。

立式收纳能够让人看到抽屉里的物品，便于家人取放。

盒装果汁和方便面是常用的家庭食品。通过立式收纳法，让人一眼就能分辨清楚。这样一来，不论是谁，都能轻易地找到自己想要的东西。

根据抽屉的高度将米放入米箱里。

米也要放在炉子下面。我们可以选择与抽屉高度相符的盒子，这样就能够高效地利用有限的空间。另外，使用次数较多的油、料酒、酱油等调味品也都要放在这个抽屉里面。

使用频度较高的面粉可以放在炉子的正下方。

小麦粉和淀粉是每天都会用到的。由于器皿过高，所以我们要把它放在夹层较深且易于取放的抽屉里面。空出来的位置可以用来放高度相同的调味品，这样就能实现高效的空间运用。

1　2

技巧 **锅盖、竹笼屉立放，充满整洁感！**

1.用挂钩将经常要用到的砧板和竹笼屉吊挂起来。2.体积较大的锅盖可以收纳入水槽下的吊挂收纳箱里。"使用时一下子就能拿到，清洗后只要放回原位待其晾干即可。"

●安东史绘

技巧 **把调味品放入瓶中，按大小排列开，不仅好看，使用也很便利！**

我们可以将大量的调味罐收纳到抽屉里面。"把它们放进相同的瓶子里，没有缝隙地放在一起，推荐大家采用这种方法。"

●安东史绘

3

宜家

炉子上方可以设置出一个放置调味品的空间。

技巧 **利用桌子下方的空间，把客用凳子放进去。**

我们可以把餐厅或厨房桌子下方的废弃空间做为存放客用凳子的固定位置。因为这种凳子是可以存放起来的，所以能够很好地节省空间，减少麻烦。并且，如果我们把凳子放在这个位置，取放效率也很高。

●中田总一郎

在冰箱上添加挂钩，进行吊式收纳。

技巧 **采用收纳物品灵活控制废弃空间。**

3.炉子上方可以设置三个"GRUNDTA系列"的磁石小物件，用来放置做饭过程中使用的食材，如干辣椒等。4.从起居室一侧开始到冰箱侧面的这些死角，我们都可以用来挂塑料袋等生活物品。

●安东史绘

提高储藏室收纳能力的秘诀就是塑料盒的分类。

局部!

我们可以把食材存放在储存室。按照食材的种类配备大量的收纳箱进行精细的分类,这样我们就能很好地掌握库存食材。由于种类繁多,所以我们可以在收纳箱上贴上标签,方便取放。

●田中总一郎

1 **将较轻的布料放到大收纳箱里后置于上方。**

使用次数较少的物品要放置在上方。一旦我们要用到桌布等较轻布料的话,就可以轻易地从上方取出。

2 **将清洁物品进行分类后放置在中间位置。**

蒸汽熨斗和清洁剂等清洁用品可以放入篮子和塑料盒里面。使用的时候只要拿出分类盒子即可,能够大大提高效率。

3 **将存储食材摆放在易于取放的位置。**

塑料瓶装饮料和罐头等存储食材的使用次数较多,我们要收纳在易于取放的地方。

●塚田大介

技巧 **用带盖、带门的收纳箱收纳孩子的物品。**

将散乱的玩具全部放进盒子里面;让孩子自己掌握取放袜子的收纳技巧。这种与孩子一起快乐生活的收纳技术是我们的重要关注点。

如果五颜六色的儿童用品过多,房间看起来就会比较杂乱。只要我们把它们全部都放进带盖和带门的收纳家具里面,就会显得整洁很多。我们只需要严格挑选一些可以放在外面的物品即可。

●塚田大介

用带门的收纳家具存放绘本和素描绘画工具。

要在起居室内配备玩具、绘本的专用收纳家具。

打开!

打开!

将玩具收纳在"APA"里面。

宜家

1.橱柜下方可以放置一些经常阅读的绘本。这样一来,小孩子自己也可以取放。2.我们要在起居室内设置一个玩具的专用收纳箱。3.孩子玩完的玩具只要直接放进宜家"APA系列"的收纳箱里就可以整理完毕。

其他玩具可以放在孩子的房间

位于起居室上层的儿童房里可以摆放一些不常用的玩具。儿童房可以作为起居室内备用玩具的储存室。

儿童服装可以归拢到搁架上。

宜家

将袜子放在孩子能自己拿到的下方位置。

打开!

孩子的衣服可以采用立式收纳。

4.在起居室的一角设置一个放儿童服装的搁架。下方放一些孩子能够自己拿到的袜子,中间和上方可以放父母亲的衣服。5.抽屉里面的衣服采用立式收纳法。由于是大人进行取放操作,即使衣服挨紧一些也没有关系。

鞋子需要一个收纳空间，如果我们能够设置一个收纳场所，用来放置外出的衣服、鞋以及小物件，玄关瞬间就能够整洁起来。

技巧

可以将外出时的必需品都集中在玄关的一侧位置。

我们可以把外套、提包、鞋子等外出时要用到的东西都收纳在玄关旁边的衣饰间里。孩子要玩的玩具可以放到橱柜里，这样外出的所有准备都可以在玄关旁边完成！
●中田总一郎

技巧

收纳好的鞋子和帽子，让出门的搭配变得简单起来！

1.如果要放置长筒皮靴和带檐帽子，我们可以选择一个宜家"BILLY系列"的搁板架。这样我们一眼就能看到全部的东西。2.备用的鞋子可以收纳在带门的收纳架上。
●安东史绘

数量众多的文具、药品以及工具的收纳可以说是最让人挠头的。用塑料盒对它们进行分类，这样一眼就能知道哪样东西在哪里！这样就不会因为老是找不到想要的东西而焦急了。

技巧

安装一个半透明的门，里面装着什么东西就很清楚了。

宜家"BILLY系列"的书架被我当作鞋架使用，这是因为它有一个玻璃门，可以隐约看到里面的东西，也便于我们找到自己要找的鞋子。
●八木俊明

用带盖子的"GLIS系列"收纳盒收纳小物件，防止丢失。

用带盖的盒子来管理抽屉内部的小物件。常用物品放在上面，可以进行重复收纳。如果我们分类放置到盒子里，就能解决小物件丢失的烦恼了！
●中田总一郎

能对细小物品进行分类收纳，管理起来就相当容易。

我们可以把文具、清洁用品等日用品放置在走廊下的仓库里，铅笔和胶带等零碎的物品分类摆放到塑料盒里，这让我们更容易掌握数量和种类。
●中田总一郎

宜家

打开！

起居室和卧室的收纳空间很少，达人们纷纷通过利用废弃空间和收纳盒的方法来提高房间的收纳能力。

充分运用 无印良品、NITORI 功能性的收纳术

无印良品和NITORI的收纳物品不挑房间、功能强大、价格合理。我们采访了使用这2家品牌店收纳物品的达人，并公开这些简单的收纳术!

技巧 使用搁板来有效利用空间。

在橱柜上方增设一个搁板，安装在墙壁上。下午茶时间要用到的东西都可以集中放置在一个地方。
● Coyuki

在墙壁上设置一个搁板，兼具收纳和展示的作用。孩子们想读的书也可以放在这里。
● Mii

技巧 在床上用小盒子、篮子设置一个隐藏的收纳空间。

在床下的废弃空间设置一个无印良品的收纳盒，用来收纳下装和袜子。NITORI的篮子可以用来收纳自己喜欢的书和杂志，睡不着的时候就可以从收纳盒中取出书本阅读。
● Coyuki

技巧 在搁架上设置架子，将空间分为两部分。

起居室内用来收纳餐具的橱柜。我们可以设置一个NITORI的搁板，充分利用架子的高度，将收纳空间划分成两部分。使架子的所有空间都可以用来放置餐具。
● NITORI

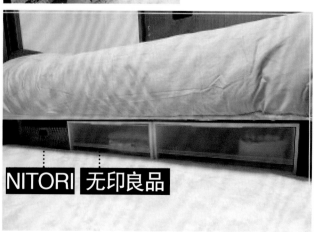

NITORI 无印良品

NITORI

NITORI

局部！

技巧

壁橱里面可以配备一些文件盒和箱子，充分利用空间。

只需将收纳箱简单地摆放好，壁橱的收纳能力就立刻提升了。并且，我们可以在收纳箱上贴上标签，更加便于使用。"中间部位要留出空间，所以不要摆放物品。"

● Mii

MAGAZINE   INTERIOR

日常工具

收纳容易散乱的小物件是有秘诀的，即准备一些尺寸相符的盒子进行分类收纳！这样就能够解决想找东西却找不到的烦恼了。

技巧

细小的物件可以收纳到迷你盒子里，这样的分类是很有效果的。

无印良品

我们还可以用塑料盒子把大收纳箱细分成几个部分。

用盒子来规划整个药箱的格局。如果我们能够双层放置，那么放入箱子里面的物品就会增多。使用的时候，我们只需要把盒子拿出来就可以了，十分便利！

● Mii

打开！

常用的胶带也可以放入盒子里面，并把它收纳在桌子的上面。

由于隐蔽胶带的使用次数较多，所以便于取放的桌子上方就成为了它的固定位置。我们也可以把一些小物件放进去，这样能够起到装饰的作用。

● Mii

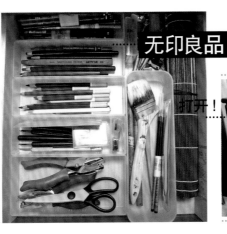

无印良品

打开！

抽屉里面的文具可以用托盘进行分类。

我们可以在无印良品的托盘上分类并收纳文具。不但可以让人一眼就看清楚里面放置的物品，而且里面没有混杂的物品，更加便于使用。

● PUKU

夹子、搁板、文件盒……舒适的厨房里面也可以配备这些物品。这里处处都体现着重视工作效率的收纳规律。

轻便的便当盒可以放在上方进行折叠收纳。

1

把物品立式收纳，取放更简单。

2

包装一目了然，寻找非常方便。

3

① ② ③

无印良品

技巧 **水槽下方可以利用树脂盒子达到充分利用里层空间的作用。**

如果是抽屉式盒子，不仅可以不费力地取出放入其中的物品，还可以充分利用里层的空间，达到充分的收纳。由于无印良品的树脂盒子是半透明的，所以使用者能清楚地知道里面放有什么东西，十分方便。

● Coyuki

技巧 **用文件盒和迷你搁板对水槽下方的空间进行功能性地分类。**

如果因水槽下的水管而不能放入大收纳盒，我们可以并列摆放一些小盒子，比如无印良品的文件盒等，使用起来也非常便利。这里还可以成为零食和塑料袋的放置场所。

● Candy

无印良品

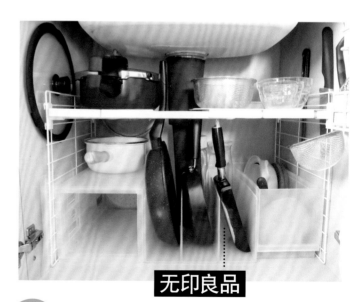

无印良品

技巧 **将重锅立起来收纳，这样即便是单手也能轻松整理。**

大且重的锅和平底煎锅可以立放在台子上，把手向上地进行收纳。这样一来，一边做饭一边单手取锅也毫无压力。整理的时候也很方便。

● Coyuki

无印良品

技巧

用夹子将毛巾等吊挂在架子上，既易于取放，又能很好地晾干。

由于毛巾使用相当频繁，所以我们决定把毛巾放在可以轻松够到的位置。如果用无印良品的夹子进行吊挂，工作时只需一个动作就可以取到毛巾。用完后再挂在架子上晾干。

● Coyuki

用无印良品的夹子进行吊挂

局部!

技巧

用夹子整理厨房家电的使用说明书，既便于使用，又不易丢失。

在放置家用面包机的篮子里放入用夹子说明书。"烤面包时，为了控制材料的分量，我们一般都要看说明书。这时，我们只要拿出夹子，并把它挂在水槽下方即可。

● Coyuki

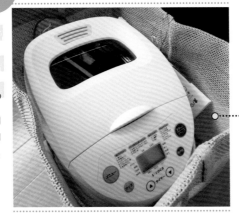

用支棍在墙壁一侧搭建一个隐蔽的收纳空间。

技巧

我们可以用一根支棍搭建一个隐蔽的收纳空间，充分利用厨房架子与墙壁之间的废弃空间。"这个空间里的东西无需取放，所以我们可以放一个网络调制解调器。"

● Candy

局部!

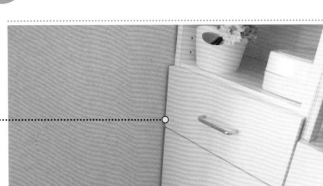

宜家

31

清洁收纳最重要的是使用支棍和收纳箱等物品。尽管物品众多,但是也可以营造出一个外表整洁的盥洗区域。下面我们为大家详细解说。

技巧

洗涤剂等浴室用品的收纳要张弛有度,有些明显,有些隐蔽。

洗涤网等不想让人见到的物品可以放在上方的篮子里。清洁剂和用于浴室清洁的碳酸氢钠等使用次数较多的物品可以放在透明容器里面,实现收纳的明显化。

● Coyuki

无印良品

打开!

将所有洗涤剂全部收纳到文件盒里面。

我们可以将包装十分抢眼的洗涤剂全部放进NITORI的高文件盒里面,这样就可以消除杂乱的印象了。如果我们把盒子的颜色统一成白色,外观会很整洁哦!

● Mii

技巧

NITORI

打开!

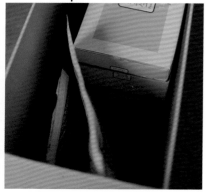

局部!

技巧

为了实现洗手间整洁的收纳,我们可以使用收纳箱。

灵活运用收纳盒,打造一个大容量的收纳搁板。如果用白色收纳盒,外观会很漂亮。"家人的内衣、卧室用具、洗涤用品等要在洗手间和换衣间使用的物品都可以集中在这里。

● Mii

局部！

打开！

技巧

我们可以用支棍来灵活利用洗手间下方的废弃空间。

支棍安装在洗手间的下方。在墙壁边侧安装螺栓，架上支棍，然后把清洁用具放在间隙处，这样情况就大不相同了。

● Coyuki

局部！

壁橱

技巧

根据用途划分收纳区域，再放入一些衣橱收纳箱。

很多朋友都在使用无印良品的树脂盒子，也达到了灵活进行衣橱收纳的作用。但是，收纳达人们更有一些确定收纳位置的规则！既易于取放，又方便整理，这里我们就来介绍一下收纳箱的使用方法。

我们可以根据使用的频率用无印良品的树脂盒子来划分区域。比如，左边是经常使用的物品，中间部位的东西比较难拿，可以放一些非季节服饰。

● Coyuki

打开！

披肩和短袜等季节变换时要用到的物品可以放在最便于取放的左上方位置。

无印良品

中间一列可以放置较少使用的物品，如夏天用的床单被褥、毛巾被、棉被压缩袋等。

将整套熨斗放入 Marimekko 的袋子里面，再把它放进右侧的盒子里。使用时，只要把袋子拿出来即可。

住宅衣橱收

"什么才是最完美、最理想的衣橱？"大家一起来看看室内装饰设计师大御堂美俊的衣橱吧。

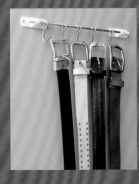

2 一旦决定好摆放位置，用完后就一定要将物品放回原位。

特别是一些小物件，定下放置位置是很重要的。如果我们能决定好位置，就能减少一半的收纳压力。另外，我们还可以在门后用多个挂钩打造一个收纳空间。

大御堂小姐认为宜家"PAX系列"的可以很好地帮助我们决定房间的布局。现在她自己家里的寝室就摆有4件。大御堂小姐将自己很喜欢洋装和鞋子以及丈夫的衣服都收纳得井井有条，并根据自己的物品大小，定做了一些尺寸相符、构造合适的收纳工具。另外，如果能够偶尔改变一下家里的样子就更好了。根据生活的变化，调整并选择耐用的收纳工具。

大御堂的衣橱收纳法则 5 条

为了打造真正实用的衣橱，我们在学习技巧之前，先要学习一些基本的思维方式，这是很重要的。在这里，我们为大家揭密"取出"和"整理"的规律。

1 不能够重叠放置！这是为了确保一眼就能看到里面的物品。

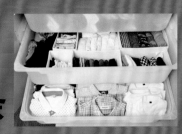

最需要大家注意的一点就是"要能看到里面的物品"。挂着的衣服不要重叠在一起，T恤和短裤要采用立式收纳。这样我们找起东西来就不费力了。

4 挂衣架上尽量挂轻薄的衣服。

不要挂体积大的衣服。衣架越薄，衣橱里面可以挂的衣服就越多。1个衣架可以挂数条裙子，十分方便，所以我推荐大家采用这种方法。

3 不要分得过细，这是避免适得其反的秘诀。

衣服可以按照长度和种类来区分放置场所。如果在这个基础上再进行细分，我就会觉得非常麻烦。一旦我们决定了放置箱后，就不要犹豫，把东西都放进去即可。

根据场所、长度的不同灵活运用空间。

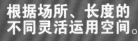

5

如果我们根据场所的不同，将长度一致的衣服放在一起，就能够灵活运用下方的空间了。我们家是在长裙放置位置下方设置1个抽屉，连衣裙放置位置下方设置3个抽屉，这些抽屉可以用来收纳衣服。

纳术大揭秘!

室内装饰设计师
大御堂美俊
出生于东京都,从还是美术大学学生开始就担任杂志社室内装饰设计师的助理,之后独立工作。活跃在各个媒体行业,包括杂志、电视等,被称为收纳达人。目前有一个儿子,叫唯人。

自家使用的衣柜采用的是立式收纳。

我们可以摆放2个宜家"PAX系列"的衣柜,这样自己的衣服就能排列在衣橱里面了。抽屉里采用了立式收纳,大约可以收纳400件衣服和110双靴子。

在搭配连衣裙和浅口鞋时能派上用场的衣橱。

我选择了16双浅口鞋用于和连衣裙搭配,让搭配时的选择更加方便。

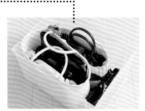

细分下装衣服,可以方便整理。

下装在抽屉里面容易变乱,如果我们用一个小盒子进行区分收纳,整理起来就很方便了。宜家"SKUBB BOX系列"的盒子有很多规格和型号,所以选择非常方便。

备用提包放在上面,使用时只需取出盒子,非常方便。

数量较多的提包可以放入较大包包里,再把包包放入无印良品的收纳箱里。无需使用框子,只要灵活使用里面抽屉的部分即可。由于抽屉可以轻易推拉,所以即便是放在上方也不会感到不方便。

我们可以把零碎的小物件放入抽屉和盒子里,这样外面就会显得整洁。

上方放提包,下方收纳下装。提包等小物件以及下装的衣物很容易变得散乱,如果我们用盒子和抽屉来区分,既能够实现外表的整洁,又能够提高收纳能力。

按照颜色上衣的分类,这样就不会因为要放回哪里而烦恼了。

立式收纳可以让人一眼就看到衣服的颜色和花样。可以按照由浅到深的颜色变化来顺序摆放。

长度一致的上衣可以摆放在一起,达到充分利用空间的作用。

根据吊挂着的上衣长度,我们可以设置一些无印良品的树脂收纳盒。这是为了最大限度地利用空间。下方的3个抽屉可以按照衣服的颜色进行分类摆放。

短裤类衣服可以折叠后收纳到较浅的抽屉里面。

与平常的折叠方法有所不同,我们可以把短裤竖向折叠进行收纳。这样就能够放入衣橱中较浅的抽屉里面了。这样放置的体积会比平放时小。

35

丈夫的衣柜既要有功能性又要收纳简单！

丈夫的衣柜常有领带等很多难以收纳的物件。根据收纳物品的不同，收纳的方法也有所不同，可以根据用途来决定位置，这是基本的原则。只要按照这个原则做，衣柜的功能性就会变强。

宜家盒子的把手是竖向的，所以宜于取放。

非季节类衣服和偶尔才穿的衣服可以放到宜家"SKUBB BOX系列"的收纳盒里。即便放在高处也很容易取放，这是因为收纳盒的把手是竖方向的。

可以购买能够挂48条领带的挂衣架！

很多人最苦恼的就是领带的收纳，其实我们可以利用专门的挂衣架。我们可以用东急ＨＡＮＤＳ的挂衣架挂４８条领带，让空间可以得到更有效地利用。

厨房用的挂钩可以用作皮带收纳。

挂在挂衣架上的皮带容易掉落。我们可以在门后用挂钩打造一个收纳空间。这样也不会妨碍到使用者取放其他衣服。

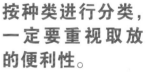

按种类进行分类，一定要重视取放的便利性。

上方放置一些不常用的物品，在悬挂的区域可以挂上一些西装和小物件。悬挂空间的下方可以添加一块横木，放入宜家"KOMPLEMENT系列"的收纳盒，收纳一些非季节的衬衫。

如果经常出差，行李箱内的物品也要进行收纳。

为了方便丈夫去国外出差，我们要对行李箱内的空间做好规划。随身携带的小袋子、纸袋、变压器等物品都要收纳到行李箱里面。取出每个小盒子进行收纳，可以提高出差前的准备工作的效率。

常用和不常用的东西都可以采用立式收纳，这样看起来会比较整洁。

抽屉上方是便装，中间是下装和手帕，下方是衬衫等上衣，这些都可以采用立式收纳法。通过分类收纳和立式收纳，行李箱的容量就能大幅度地提高了。

让孩子能够拿到自己的东西。

"孩子自主使用物品"和"父母亲拿出来的物品"是不同的，所以我们要注意物品放置的高度和收纳方法，这就是儿童用衣橱的奥秘。下面来看看大御堂的风格吧！她对收纳盒的材质也是精挑细选的。

用收纳盒来进行分类收纳时，要采用即便掉落也不会造成损坏的收纳盒。

用即便掉落也不会造成损坏的安全、柔软的收纳盒进行分类收纳，如外套等外出时要穿的衣服可以挂在衣架上。另外，我们可以把自己喜欢的鞋子作为装饰放到架上。

用宜家收纳盒收纳孩子在幼儿园里用的手帕和下装衣物。

宜家"SKUBB BOX系列"的收纳盒非常好用。将手帕等小物件放到收纳盒里，中间的缝隙可以塞一些卷好的下装衣物，这样能收纳很多衣服。

玩具和绘本怎么收拾？

挑选出自己喜欢的玩具作为装饰。

宜家的条凳可以作为收纳盒使用，我们可以把各种各样的玩具都集中收纳到里面。只需要严格挑选一下用来装饰的玩具即可。

绘本可以放在架子的门上，用橡皮筋固定和装饰。

书架的门上可以挂上五颜六色的橡皮筋，用别针固定。如果能够把绘本放到橡皮筋与门之间的空隙里，装饰型收纳就完成了。

孩子自己可以取放的衣服收纳到下方的盒子里面。

下装等衣物放在孩子自己可以取到的下方位置。根据箱子的宽度和高度进行折叠，最好摆2层，取放方便，也一目了然。

收纳难以整理的小物件要重视明显化。

收纳很容易弄乱的小物件时，重点要放在明显化上，只要看一眼就能清楚收纳的位置，这是防止杂乱的关键。下面来看看盒子和标签的使用吧。

用小且浅的盒子收纳，既能方便寻找，又不会将饰品弄乱。

用无印良品的树脂盒子进行收纳，既不会弄乱饰品，又能实现明显化。树脂盒子里面有小格子，我们可以进行更精细的分类。这样就能够解决"耳环和项链缠在一起取不下来"的烦恼了。

对抽屉内部进行划分，既便于挑选，又能够防止杂乱。

用宜家"KOMPLEMENT系列"的收纳盒来收纳皮带，防止杂乱。皮质的皮带卷放成小段状，链子类的皮带可以放入一些带拉链的塑料袋里面，防止链子之间的缠绕问题。

季节性小物件要集中收纳在一个地方，一直持续到该季节过去为止。

宜家"SKUBB BOX系列"的收纳盒可以说是大御堂家的标准配备，可以按照针织袋、手袋等冬天小物件的种类进行分开摆放。为了能够把东西放进收纳盒里面，我们也要在折叠方法上下一番工夫。

在盒子上贴上照片，让箱子里面的物品就一目了然。

大御堂非常喜欢鞋子，包括靴子在内，她共收集了110双鞋子。她对每一双鞋子都拍了照片，并把照片打印出来，贴在了箱子的前面。即便是鞋子众多，也能够轻易地找到自己想要的鞋子。

深度提问

整理的秘诀何在？

买1件丢1件！

"折叠好下装后放入抽屉里面。买了1件新的就要丢掉1件旧的。有时人会有喜欢购买服装的冲动，但是这样一来，衣服的数量就不会增加了，这一点很重要。"

2个季节都没有穿到的衣服要处理掉！

"怎样寻找能够丢掉衣服的最佳时机呢？"很多朋友都有这个疑问。我认为，如果有2个季节都没有穿过的衣服就可以丢掉了。我们可以抱着"某一天应该能用得上吧""可以作家居服穿嘛"等想法来决定，一旦不满足这个条件，就立刻果断地处理掉。

清楚自己究竟有多少衣服！

"在我们掌握整理收纳技巧之前，我们首先要对自己的衣服数量有个大致的把握，这一点很重要。如果不知道物品的整体情况，就会带来不少麻烦，比如买了相似的物品等。"

壁橱
p60

起居室
p66

令人茅塞顿开的收纳创意

按角落划分 为大家揭秘11位

收纳达人的收纳技巧！

如果我们能够对房间进行功能性的整理，整体外观就会显得干净整洁，即便变乱了我们也能够马上整理好，这是一个舒适的住宅空间……

为了了解人们理想中的收纳方法的秘诀，我们拜访了众多收纳达人的住宅！起居室、厨房以及衣橱、冰箱的内部收纳，为大家介绍能够马上掌握的收纳基本技巧，还有问与答的环节哦！

橱房 p42

情家真树子

独栋住宅，与丈夫和儿子住在一起，3口之家。住宅建造房龄约30年。"复古厨房与温馨的气息十分协调，我选择了自然的木质家具，打造了一个艺术厨房。"

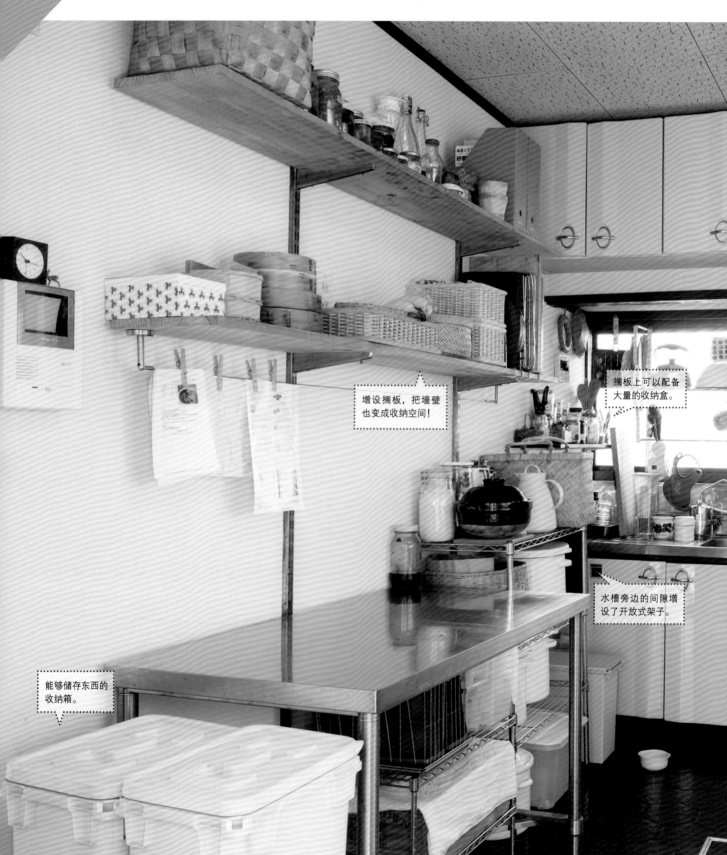

增设搁板，把墙壁也变成收纳空间！

搁板上可以配备大量的收纳盒。

水槽旁边的间隙增设了开放式架子。

能够储存东西的收纳箱。

增设架子和大型收纳箱,实现零杂乱!

在大约10m²的厨房内增设一些开放式的搁板和架子,收纳大量的调味用品就不成问题了。由于我们使用了收纳盒,所以即便是增设架子或物品变多,也不会显得杂乱。这里体现的是"明显""隐藏"的诀窍。

增设磁铁棒。

增设

常用的调味料要放在易于取放的开放式搁板上。

水槽与墙壁之间原本只是一些空隙,以前的住户增设了开放式搁板,将调味料摆放在上面便于取放。厨房收纳最重要的就是充分利用起周边狭窄的废弃空间。

增设

刀具专用的磁铁棒,只需一个动作就能完成取刀操作。

在炉子前面的墙壁上增设一个用于挂刀具的磁铁棒。外观俏丽,只要一个动作就能够完成取刀操作。炉子旁边增设无印良品的架子,架子上可以放置盐,锅把抓手等料理过程中要用的物品。

收纳箱

用储存式收纳箱来避免空间的浪费!

1个大号的无印良品收纳箱上面刚好放2个小号的收纳箱。这样的设计既有收纳功能,又能毫不浪费地使用有限的空间。

里面可以收纳一些坚果和面粉等。因为面粉类物品较少用,所以我们可以把它放在下方的盒子里。

增设架子

在餐具架上添加一个搁板,这是为了收拾的时候能够区分出外层与里层。

伯母以前遗留下来的旧餐具架取代了隔墙,横在了厨房与起居室之间。为了更顺利地运用里层的空间,我们可以把架子分成2个部分,增加收纳空间。

增加一个搁板,确保杯子等物品的放置场所。架子内部的空间要区分上方、下方、里层、外层。餐具下方可以放一层防滑垫。

我们可以在架子的底部增设宜家的帘幕滑轨,食谱和笔记都可以夹在这里。

要点

44

增设架子

设置开放式搁板，增加墙壁的收纳能力！

我们可以从宜家买一些开放式的搁板，将搁板安装在墙壁上。不想让人看到的物品可以隐藏在收纳空间里，这样收纳能力就能得到大幅度提高。如果我们选择了木质的篮子，整体就会显得更有统一感。

局部！

将腌制的食品放到罐子里面，作为装饰也很漂亮。

篮子里面可以放置一些可回收和可利用的垃圾。如果把篮子放置在搁板上方，从外面就看不到篮子了。丢垃圾时直接拎着篮子就可以了。

收纳盒

使用篮子和收纳盒可以收纳大量的食材。

如果在升降搁板上放置收纳箱，收纳能力会更强。相同颜色的物品放置在一起，这样外观会比较整洁。有把手的物品要放置在上方，这样比较容易取放。

我们可以用2个正方形的竹篮来收纳桌布。采用立式收纳法进行收纳。

可以在架子上设置挡板，用来收纳托盘、砧板和网子等。这是一个既节省空间又能够提高收纳能力的创意。

用搁板将水槽隔成几个部分，收纳较重的料理工具。

水槽下方可以放一些迷你搁板，达到灵活运用空间的效果。如果住宅年份过久，水槽下方会有湿气，所以我们只能够放一些耐湿气的金属、陶器和塑料等物品。把料理工具的盖子挂在门后，这样占用体积就不会过大。

我们可以把米、干货、儿童奶瓶等不同种类的物品分类收纳在搪瓷罐里。

45

小型收纳杂货

按照不同的用途设置搁板，提升收纳能力。

1.中间的位置可以放一些伸手可以够到的餐具以及女儿的茶杯套装等，这样即便是小学生也可以拿到。我们也可以把茶杯和茶叶放在搁板上，一个搁板大概20元左右。2.我们可以放置一个厨房用的搁板。由于这样的布局易于存储物品，所以我们可以根据空间的大小进行重叠地摆放，效果会很好。

20元

灵活利用空间

通过设置搁板的办法，把水槽旁边的空间变成大容量的收纳区域。

窗边这个细长的区域很多都用来放清洁剂和调味品以及食材。与仅是排列物品相比，放入搁板的方法更能够扩大空间，这是收纳的一个诀窍。如果是放一些开放式搁板和玻璃瓶，也不会遮挡光线。

运用小型的收纳装饰将朴素的收纳器皿变成明显化的收纳空间。

甜点

我们可以买一些墙贴，将它们贴在硬邦邦的简式垃圾箱上。

用隐蔽胶带在玻璃罐上贴好标签，这样不仅能让人一眼就知道罐中的物品，也能将玻璃罐装饰得更加可爱。

加藤百合

4口之家，与丈夫，女儿（小学生），公公住在拥有25年建筑历史的独栋住宅内。擅长加工百元店的小型容器，能制作出许多原创收纳容器。

利用小型收纳杂货工具,将收纳能力提高1.5倍

加藤运用收纳工具让厨房的使用变得更加简便。另外,将容易遗漏的废弃空间变为收纳空间,这些技巧都是我们必须掌握的!

灵活利用空间

擦手纸放在伸手可以够到的地方,可以利用烹调区域的上方空间。

可以在橱柜下方固定一个吊架,将烹调过程中用到的擦手纸放在伸手可以够到的位置。既不会妨碍到烹调操作,又能够达到收纳的作用。我推荐大家利用橱柜下方的空间。

小型收纳杂货工具

仅用一个镂空篮子就能清楚地知道所需物品的位置。

我们可以买一个熨斗状的篮子。即便尺寸和设计不同,我们也要选颜色一样的篮子,这样比较有统一感。由于篮子是镂空的,所以我们一眼就能够看到自己想要的东西究竟在什么地方。

20元

20元

20元

灵活利用空间

利用搁板和网面组合成"吊挂收纳网",这样墙壁就能够成为收纳空间了。

1.在排气扇风斗的位置挂一个S形挂钩,用来收纳平底煎锅。2.在餐具架旁边的墙壁设置网面和S形挂钩,这样就可以进行吊式收纳,袋子类物品的取放就很方便了。

吊架

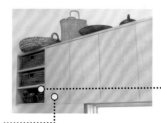

1

为了让吊架里面的物品明显化，我们需要下一番工夫！

1.我们可以把调料瓶放入一些带把手的小篮子里面，这样取放物品就方便很多。如果瓶身是透明的话，那么里面的东西就很明显了。2.另外，我们可以重复利用录像带的盒子将复印文件放进去，然后把它贴在门上，达到利用空间的效果。

下方可以放一些早餐餐具。将这些东西集中到一个地方，可以大幅度地缩短做早餐的时间。

局部！

凿冰器仅需要插在海绵里面即可。搁板上的东西不要弄乱，这样就可以轻易找出自己需要的东西了。

2

3

4

考虑到取放的方便性，我们设置了一个可动式收纳。

3.放在上方篮子里面的物品比较容易取放。女儿也会把便当的物品都放在里面。4.料理空间的下方可以用来收纳锅类物品。架子搁板是活动式的，即便是把重锅收纳到里面，我们可以把搁板拉出并取出里面的锅。

料理台下方

根据高度和用途的不同，可以采用不同的储存盒。

儿子在足球比赛练习之前要吃一些补充热量的点心，我们要把点心放在方便取出的中间和下方位置。客人前来拜访时要用到的餐具可以放在中间和上方位置，这样比较方便大人取用物品。

铃木尚子

LIFE STYLE周刊的创刊者，从事收纳顾问和个人款式参考顾问工作。著作《更好的生活》（中经出版）目前正在发售中。4口之家，与丈夫、儿子、女儿住在一起。

讲究取放便捷性的厨房

不论是餐具、厨房家电还是食材，在厨房里面都是一目了然，马上就可以取出自己想要的东西，这就是铃木布置自家厨房的想法。根据角落的不同，有着不同的收纳规律，下面我们来为大家一一揭晓！

储存室

将搅拌机的工具收集到一个盒子里面，东西散乱。

便携式搅拌机的小工具容易丢失。我们可以把它们集中收纳到香烟盒里，搅拌机的本体部分放到篮子里。既可以防止杂乱，也可以防止丢失。

打开！

工具类

称重调羹等较短的东西可以2件挨在一起地放入空瓶里面，这样工具就可以立放在里面，取放也很简单。

放在一起的工具长度尽量一致，这样就不会散开了。

工具类物品可以统一成不锈钢和黑色，外表看上去会很整洁。如果我们能定下一个固定位置，将东西放回原位的时候，我们也不会感到迷惑了。除此而外，还可以防止东西的杂乱。这个收纳的秘诀就在于工具长度的一致性，让取放变得更加方便。

堀江幸子
便当研究家，专门致力于研究可爱的便当。拥有营养师、食物搭配师资格证，研究出很多烹调的方法。担任日本料理网站Tac Bad的食谱专家，备受好评。3口之家，与丈夫、儿子（小学生）住在一起。

简单的收纳，
实现整洁的厨房！

整理的方便性在保持厨房整洁方面发挥着重要的作用。堀江家里非常重视水槽对面柜台的收纳技巧，整间厨房充满了"简单收纳"的创意，既便于使用，又便于整理。

较好地隐藏收纳物品，将锅类物品放入吊架中。

我们可以把蒸笼和锅类物品收纳到吊架里面。吊架的彩画玻璃可以很好地隐藏里面的收纳物，所以我们不需要过分地在意物品的颜色和材质。隔着有颜色的玻璃，我们可以隐约知道吊架里面放置着什么样的物品。

储藏室的物品存放要一目了然！

便当用具和食材都可以收纳到不常使用的烹调器具里面。为了让中间位置的物品更加便于取放，我们可以灵活运用盒子和搁板。

开放式搁架上可以放一些外表靓丽但不太常用的物品。

墙壁的开放式搁架一般都是展示架，而且放在高处的物品都是不常用的物品，可以作为装饰。我们可以选择白色的搪瓷罐，与厨房的颜色统一起来。

划分好区域，即便只是简单的收纳也不会导致杂乱。

我们可以把制作点心的工具收纳到抽屉里面。玻璃碗放在左边，零部件放在中间。我们可以采用托盘来划分区域。

将盒子与抽屉式搁板组合起来，用来放置调味品，而且要放在伸手可以够到的高度，这样哪里有什么东西，我们都可以一目了然。

笨重的厨房家电要收纳地易于取放。

下面的部分可以收纳开放式土司机和食物加工机等厨房家电。由于厨房家电又重又大，所以我们要留出空隙，方便取放，这是收纳厨房家电的诀窍。

在篮子上贴上标签，为使用者提供方便。

如果使用同一系列的篮子，就要在每个篮子上贴上宜家的名牌，方便管理，这是很有必要的。即使我们没有采用细分收纳，也可以清楚地知道里面究竟放着什么东西。

灵活利用细小的缝隙，保管储存食材。

我推荐大家使用无印良品的树脂储存箱，利用厨房和洗衣房的空隙进行收纳。将罐头等较重的物品放在下面，使架子可以保持稳定，不容易倾倒。

用盒子分类收纳，打造整洁储存室

"收纳的秘诀就是分类"，大木小姐为了让分类收纳的使用更加方便，花了不少心思。

未用完的食材放入包装袋，将食材隐藏起来！

形状不太好看的食材可以整个儿隐藏起来，这样能够消除厨房的杂乱感，"即便我们用一些白色半透明的盒子进行收纳，也能多多少少起到隐藏的作用。并且，我们还可以在半透明盒子里面添加白纸作为隐蔽。"

大木圣美

4 口之家，与丈夫和 2 个儿子（小学生）住在一起。是一位宜家爱好者。她所写的关于室内装饰收纳的博客"我的生活之道"广受欢迎。http://wagamichilife blog. fc2.com

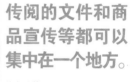

传阅的文件和商品宣传等都可以集中在一个地方。

将文件整理到文件盒里，这是非常方便的。如果我们能够把放置场所固定在一个地方，就能够防止东西出现在其他地方的杂乱感。为了让家里人清楚里面放着什么文件，一定要做好标记。

用最简单的方法打造完美的水槽下方收纳空间！

为了能够让里层空间的物品收纳明显化，我们想了很多办法。只需一个动作，我们就可以取出自己想要的东西，使用更加便利！

常用的调味料放到容器里，提高使用效率。

油等经常用到的调味品可以移放到无盖容器里，提高做料理的效率。

把器皿统一成有把手的容器，这样更能够方便取放。

我们可以把形状相同的容器摆放在一起，要毫无缝隙地挨放在一起。

用防滑垫防止容器乱动

在抽屉底部设置一个防滑垫，容器就不会乱动了。垫子下面再铺张绘画纸，使垫子不会歪斜。

远藤奈津子

3 口之家，与丈夫、儿子（小学生）住在一起。在建造自家住宅时学到了丰富的知识，并获得室内装饰搭配资格证，是一位真正的行动主义者。她的"Nastu的收纳工房"收纳博客也很受欢迎。http://ameblo.jp/nastu-621/

51

厨房收纳问与答

厨房的收纳会出现很多烦恼。"整理餐具的诀窍是什么？""托盘上的物品体积太大，应该怎么办？"我们收到从全国各地寄过来的37个问题，这里为大家做一一解答，并对每个问题都附上了收纳达人的建议和解决方案。

烹调器具

问

怎样整洁地收纳各种类型的厨房零部件？

●齐藤淳子（20岁·东京都）

使用频率较高的物品可以立放在料理台上，不太使用的物品可以放到抽屉里面。

如果我们将厨房零部件收纳到一起，既显得杂乱又很难取放。如果我们根据使用频率来收纳，就能够轻易取放了。经常使用的零部件可以立起来收纳在料理台上，手一伸就可以拿到。像研磨杵等不常使用的物品可以收纳在瓶子里面，并把瓶子放在水槽下面。

不收纳进抽屉的常用零部件可以吊挂起来。

我们可以用S形挂钩吊挂一些不放入抽屉的汤勺和锅铲，这是一种十分有效的技巧。易于取放，不使用时也不会给使用者添加麻烦。清洗后只要挂着晾干即可，十分方便。像公筷等零部件都可以分类收纳进料理台的抽屉里面。

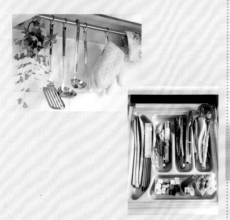

问

零散的烹调器具一下子就找不到了？

■江口由子（35岁·神奈川县）

将烹调器具集中收纳到篮子里面，这样一下子就能够取去想要的物品。

将削皮器、称重、勺子等物品放到抽屉里面很容易丢失。我们只需要准备一个篮子，并将烹调器具收纳进篮子即可，既便于使用，又能防止杂乱，还能够节省找东西时，一举两得。篮子可以放在抽屉的前面一侧，这是收纳的重点。

问

食物处理器和搅拌器等偶尔使用的物品怎么收纳呢？

●山田圭子（32岁·北海道）

将这些物品放入带把手的小型容器里，再把容器放到吊架的顶端。

煎药工具等偶尔使用的物品可以收纳在水槽上方的吊架最顶端。如果我们把常用的东西放置在较高位置就无法实现频繁的取放，因此吊架上收纳的物品要按照使用频率来摆放，使用频率低的物品收纳在下面。不论是多么笨重的物品，如果将这些物品放入带把手的小型容器里面，一要用时就能够轻易地取出。

问

怎样才能让抽屉里的煎锅更加容易取放呢？

●长谷川聪美（26岁·茨城县）

将煎锅立放在文件盒里，既容易取放，又能够提升收纳能力。

一旦在抽屉里面进行重叠收纳，要取出下方的物品就十分困难了。我们可以按照种类的不同将各种文件盒来收纳，立式收纳时，不管是取出物品还是放回原位，都十分方便。经常使用的烹调器具可以放在离炉子较近的左侧，烹调时要用到的小碗可以放在前面，这样的配置比较易于使用。

使用频率从高到低。

锅盖和搪瓷盘等物品不要重叠摆放，立放在收纳盒里面，既可以节省空间，又可以方便取放。

问

怎么收纳平底煎锅和锅盖呢？

●森山文子（37岁·崎玉县）

在抽屉里面安装一根支棍，节省很多空间。

一旦把锅类物品进行重叠收纳的话，不仅会增加体积，也难以取出。我们可以采用解除法，即在炉子下方的抽屉里面设置一根支棍，抽屉的深度要比锅盖的直径深。在抽屉里的墙壁与支棍之间挂上一个盖子，这样就能将空隙变为收纳空间。竖放收纳的话，取放也会方便一些。小碗可以放在前面，这样的配置比较易于使用。

问

怎样才能有效利用水槽下方收纳区域的废弃空间呢?

●樱田智子（36岁·爱知县）

使用抽屉式的搁板和箱子，充分利用里层和上面的空间。

如果我们不充分利用里层较深的水槽下方，就容易造成空间的浪费。根据水槽下方里层的尺寸，添加搁板和箱子，这样我们就能充分利用里层的空间，提高收纳能力。如果采用的是抽屉式搁板和箱子，里层的东西就易于取出，也易于使用。

问

砧板会让料理台空间变得狭窄，砧板该放在哪里呢?

●伊藤真美香（27岁·崎玉县）

将砧板收纳到玻璃搁板上，既利用了空间，又掩去了杂乱感。

我们可以将收纳高脚杯的玻璃搁板安装到吊架上，这个玻璃搁板就是砧板的固定位置。不仅料理台的区域变大了，而且清洗完毕后也容易晾干，这种放置方法比立放在水槽边更为隐蔽，掩去了料理台的杂乱感。

问

一旦按照用途进行分类，海绵的数量就会增加，这让我很苦恼。

●小山幸惠（30岁·千叶县）

海绵一般是在清洗餐具时使用，所以水槽边只要放置2块海绵就足够了。

我们清洗油污严重的锅和煎锅时，在添加清洁剂之前，可以先用碎布或擦手纸擦拭一次。

这样一来，无论用海绵清洗餐具还是其他物品，都没有问题。另外，清洗水槽的海绵只要1个就足够了。如果我们能够减少海绵的数量，就能够节省安装在水槽上的搁板空间，外观看起来也会更整洁。

问

清洁剂和海绵全都放在外面，厨房看起来不整洁，该怎么办呢?

●渡边香（36岁·东京都）

清洁剂可以倒到瓶子里面，与海绵的颜色配套，这样整体看起来会整洁一些。

清洁剂和手工肥皂的标签是厨房出现杂乱感的主要原因。只要我们在设计和标签方面改装自己喜欢的样式，就能够打造成一种俏丽的观感。标签的颜色要与海绵的颜色搭配，可以选一些生动活泼的颜色，这样外观的统一感更强，整体感觉会更整洁。

问

我不想在角落摆放垃圾袋，请问有没有其他好的方法?

●岛津美由纪（27岁·福冈县）

我们可以准备专用的厨房垃圾处理袋，每次做饭时都能够派上用场。

我们可以在杂货店等地方购买塑料袋，作为厨房垃圾处理袋。每次做完料理后，就把装了垃圾的袋子扔掉，这样既卫生又不会产生气味。由于袋子会放置在离砧板较近的地方，所以切好的野菜渣不会过分杂乱，这样做的另一个优点就是缩短后续整理的时间，烹调的效率也能够得到提高。

可以折叠起来。

问

怎么收纳基本调味品以外的零碎物品，让这些物品的使用变得更加方便？

●近藤美树（28岁·秋田县）

将零碎物品放置到空瓶里，并把空瓶收纳到易于取放的场所。

一些细小的调味品会占用空间，比如清汤粉、淀粉、鸡肉炖汤粉等。我们要严格选择食材，将食材放到果酱空瓶和玻璃瓶里。并将瓶子放到离炉子较近的抽屉里。这里最关键的就是放置位置，使我们在烹调的时候伸手就能取到东西。我们取罐子时是从上往下看的，所以只要在盖子上贴上标签，取放就能方便一些。

问

调味品数量过多，难以找到地方放，应该怎么处理呢？

●富田良子（34岁·大阪府）

预先将调味品收纳到小型容器里面，这样马上就能取出物品。

我们经常会找不到抽屉里面的调味品，如果将它们收纳进小型容器里面，找物品也会轻松一些。如果调味瓶尺寸不一，使用起来会比较麻烦，所以我推荐大家尽量使用同一产家的产品。另外，我们可以购买一些替换小袋，这样瓶罐的体积就不会增加了。

问

如果调味品的搁板放置在炉子附近，搁板会因为油烟而变得黏糊糊的。

●中山麻美（35岁·神奈川县）

不要提前将调味品拿出来，我们可以把调味品收纳在使用场所的附近。

将砂糖、盐、小麦粉等收纳在料理台上的吊架上。酱油、料酒、油等调味品可以收纳在文件盒里，并将文件盒放到炉子下的抽屉里面。无论是吊架还是抽屉，我们在烹调食物时都可以伸手取到，所以不摆放出来也是可以的。用完后将他们放回原位，这是为了消除物品一直放在外面的杂乱感。

马上就可以找到需要的物品！

调味品搁板可以放在离炉子有点距离的地方。

我们不要把调味品搁板放置在炉子旁边的空间里，要把它放在油烟飘不到的地方。烹调时，只要在伸手可以够到的范围内，即便是稍微离得有些远也不会感觉到不便。与此相反，如果我们把调味品搁板放在有砧板的料理台上，那么我们进行烹调准备工作时，取放就很方便了。

问

如果调味品的瓶子全都在外面，杂乱感就十分强烈，怎么才能看起来整洁一些呢？

●川边友梨（29岁·神奈川县）

我们可以把这些基本的调味品转移到漂亮的容器里面，这样就不怕外露了。

可以将经常要用的酱油、料酒、酒转移到形状好看的容器里面，比如苹果酒的空瓶。然后在容器上面安装鸡尾酒的壶嘴，这样比较便于使用。瓶子大小控制在适合自己手掌的范围内，而且是只需一眼就可以看到里面的剩余量的瓶子，这才是收纳的重点。砂糖和盐等调味品都可以转移到瓶子里面，既好用又好看。

这就是玻璃瓶！

食品保存

问
抽屉里面的食材摆放过乱，常常会忘记有哪些食材，怎样才能让外观更加整洁呢？

●大森瑞穗（29岁·京都府）

面类和干货类的食材可以用一些密闭容器或瓶子进行分类储存。

我们之所以会忘记食材和位置的主要原因就是我们胡乱地将袋子和箱子放到抽屉内。根据种类的不同，将食材放入半透明的容器内，这样里面的东西就很明显了，可以有效地防止遗忘。收纳容器的大小尽量保持一致，收纳地齐整一些，这样整体外观就很整洁。另外，我们可以在带盖瓶子的上方贴上标签。

可以将意大利面和乌冬面等面类食品从包装袋里取出后进行收纳，这是为了方便我们烹调时取放面条。另外，我们可以在容器盖子上方贴标签，并写上煮面所需的时间，这样就更加方便了。

鱼粉拌紫菜、干货、海带这三种食材可以分开收纳，放在便当盒内。摆放在前面的是使用频率最高的食材。

将茶叶放入带把手的储存罐内，在把手上方贴标签，写上茶叶的品种。

问
由于食品都被储存到贮藏室内，使我经常找不到想要的东西，该怎么办呢？

●高木结香（29岁·熊本县）

按照种类进行区分，将物品放入篮子里面，这让我们能一眼就知道里面装着什么，整理起来也更为方便。

在干货、罐头食品、茶叶、意大利面等食材的收纳方面，我们可以用到白色的塑料篮子。将食材划分为12个类型，并把篮子放入吊架。这样我们一眼就能够找出自己需要的物品，也不需要烦恼新买物品的去向。我们只需要买够放入篮子的量即可，这种方式在防止食材过分增多方面十分有效。

易于取放的立式收纳。一目了然，外观也十分整洁。

较低的食品　使用频率

较高的食品　使用频率

问
孩子的点心很难取出，应该怎么进行收纳呢？

●木下绘美（33岁·鹿儿岛县）

将孩子的点心收纳进篮子里面进行立式收纳。另外，我们可以把篮子放到孩子容易拿到的地方。

孩子的点心可以收纳进塑料篮子里，然后整体放进抽屉里。有包装袋和盒子的点心可以立放，这样一眼就能够看到点心的包装，易于挑选，收纳能力也能大幅提高。如果将篮子放在较低位置的抽屉里面，即便是孩子也能一眼看到里面的点心，并且，他能够取出自己喜欢的点心。

问
蔬菜究竟应该储存在哪里？有没有什么好的位置？

●池田瑠璃（25岁·千叶县）

可以网吊挂蔬菜，这样可以节省空间。

如果将洋葱和土豆等蔬菜放入篮子和纸箱里后堆放在地板上，结果只能是妨碍到我们在厨房的工作。放入冰箱里面也会占用空间，所以我们可以将其放入杂货店内专用于储存蔬菜的网里面，用磁铁将网吊在冰箱上，这样的储存十分方便。不仅不妨碍厨房内的工作，而且通风性也很好。

问

餐具种类众多，餐具架很乱，我想让它更整洁些，应该怎么做呢？

●江良奈绪美（28岁·群马县）

餐具颜色和种类要统一，不想外露的物品要尽可能地隐藏起来，这样统一感会大大提高。

由于餐具架是玻璃门的，所以里面的东西一目了然。如果我们能将里面物品的颜色、材质统一，就能够消除杂乱感。摆在外面的餐具也尽可能地统一成同一系列，这样整体就显得很整洁。种类不同的餐具和毛巾可以放入篮子内隐藏起来。

问

餐具架里面的餐具很难取出来，怎么利用餐具架里面的空间呢？

●土屋佐织（31岁·青森县）

将餐具摆放在长条容器上，每次使用时，只需拿出容器即可。

一些有夹层空间的餐具架可以通过使用托盘、塑料篮子等方式来达到利用夹层空间的作用。把带柄大杯和玻璃杯摆放在长条容器里面，每次只需取出长条容器，就能够马上拿到夹层里面的餐具。带柄大杯和杯子都很重，所以我们必须选择带把手且容易取出的长条容器。

华丽的茶杯、茶托等不同种类的物品以及不常用的餐具都可以放在上面。

虽然这些餐具经常使用，但是种类不同的茶碗和便当布等物件都可以放入篮子内，收纳在易于取放的餐具架下方。

问

抽屉里面的筷子架很碍事，怎样才能很好地收纳这些筷子架呢？

●菊田有里（39岁·埼玉县）

将筷子架立放到小容器内，将小容器放入抽屉里即可。

我们可以将厨房内筷子架等零碎的物品分类收纳到小塑料容器里面。根据种类划分容器，不要与其他物品混在一起，这样就能实现整洁收纳。筷子架很小，所以即便是立放也不会超过容器的高度，放在较浅的抽屉内也丝毫没有难度。

问

一旦进行重叠收纳，下方的碟子就很难取出，应该怎么办呢？

●西尾美和子（36岁·东京都）

使用コ形搁板和碟子架，这样取放就变得方便起来了。

用コ形搁板将餐具架划分为上下两个部分，碟子可以立放在碟子架上。由于我们重叠的碟子数量减少了，所以与之前的收纳方式相比，当然更加便于取放！如果搁板和碟子架前面置放餐具，我们就要把叠放小而轻的碟子，数量也要控制在最少的程度，这是为了方便挪放。

问

我想将蒸锅等迷你的容器收纳得整洁一些，应该怎么做呢？

●福地春香（24岁·神奈川县）

将它们都收纳到篮子里面，能放多少放多少。

用来放置芝士蛋糕等甜品的容器和盘子总是会在不知不觉中逐渐增多，如果我们将它们用篮子收纳集中到一起，既能够把握住容器的数量，又方便摆放。篮子里面能放多少就放多少，这样的规则能够做为防止容器过多的标准。

问

大小不一的托盘到底应该放在哪里？这让我很苦恼。

●桥本梓（27岁·北海道）

立放一个L形的搁板，灵活利用空隙的空间进行收纳。

我们可以买一些L形的书挡，这些书挡可以用来收纳尺寸、种类各异的托盘。在墙壁一侧放置一个架板，这样托盘就可以立放在内，既能够收纳，占用的空间也不多。可以重叠放置，不论是取出还是放回，操作都很简便。

灵活利用L形的书挡

局部！

问

我想把客人来访时要用到的茶杯套装收纳地更漂亮些，应该怎么做呢？

●丸山美咲（29岁·兵库县）

用篮子进行收纳可以提高时髦度，我们可以连篮子一起拿到餐桌上。

我们可以将奶油、糖罐、调羹和刀叉分别放入已经分好区的篮子里，这个篮子可以放在茶杯的旁边作为备用。只要将篮子拿到餐桌上，就完成了下午餐的准备工作，大大提高了效率，可以用来应对突然到访的客人。

问

应该怎样收纳占用空间的大碟子呢？

●石本亚纪（35岁·栃木县）

不要横放，要将碟子立式收纳在分区台内。

如果将占用体积的大碟子收纳在餐具架上，架门可能都无法合上。想要很好地收纳这些大碟子，其实是有诀窍的，即将碟子纵向放置在抽屉里面。我们可以买一个无印良品的分区台放入抽屉内，将碟子进行立式收纳。这样一来，取放就很方便，相信大碟子的使用次数也会因此而增加。

问

孩子们用的塑料容器很占用空间，应该怎么办呢？

●仓木修子（35岁·爱知县）

我们可以将一些不易碎的餐具收纳在篮子里面。

将塑料餐具重叠在一起，即便掉落下来也不用担心会破碎，这是一个很大的优点。由于餐具架上摆放着很多东西，空间很狭窄，所以我们可以准备一个专用的篮子，将其收纳起来。当孩子的朋友来家里做客时，就可以取出篮子，让他们挑选自己喜欢的餐具。

问

筷子、勺子和刀叉等物品难以取出，怎样才能实现使用方便且整洁的收纳呢？

●森山文子（37岁·埼玉县）

将塑料盒分成2个部分，根据使用频率的不同进行上下收纳。

我们可以在抽屉里面放置一些有分区的塑料盒，还可以在上面叠加上一个无印良品的整理箱。分成2个部分进行收纳，物品不容易混在一起，外观也很整洁。常用的勺子和刀叉放在上方，偶尔才用一下的物品可以放在下方。

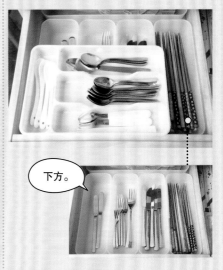

下方。

减少篮子的数量，分种类将物品放入篮子内，一直整理到外观整洁为止。

按照筷子、常用勺子、客人来访时使用的木质勺子3种种类进行收纳，包括客人来访时使用的物品在内。减少篮子的数量，一直调整到可以将这些篮子放入抽屉为止。我们可以尽量减少空隙，这样就不会浪费空间了。

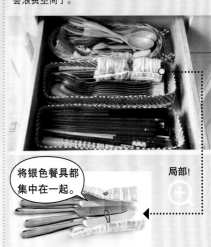

将银色餐具都集中在一起。

局部！

水槽周边

问

冰箱里很难整理，所以老是找不到自己想要的食材。

●井泽朋子（36 岁·静冈县）

我们首先要决定好各类食材的固定位置。

为了更好地管理冰箱内部的空间，我们可以将食品划分种类，决定每个种类的固定位置，这个方法很有效。如果我们把冰箱内的每一块空间都定好用途，比如常用物品、每天都要集中收好的物品等，这样冰箱的整理工作就会轻松很多。塑料盒子和托盘在空间利用方面会起到很大的作用。

根据用途的不同，确定冰箱的格局。

❶不会马上用到的食品以及保质期较长的食品。

放置在冰箱架子最上方的东西比较难以取去，所以保质期较长的罐头食品和大酱等不会马上用到的食品可以放在最上面。一旦食品开封以后就要把它们转移到不易遗忘的位置。

❷想要尽快用完的食品最好放在视线能看到的位置。

肉类、鱼类以及豆腐等保质期较短的食品，或者一些自己想要尽快用完的食品最好放在视线能看到的位置，这样不容易被人遗忘。这里有一个关键点，越想早点用完的食品就越要往前放。

❸决定每天必用食品的收纳位置时，要考虑取放的方便性。

每天都要用的早晨食品、便当食品以及米饭等食物要集中放到篮子或托盘内，这样我们只要拿出篮子和托盘就可以一次性取出里面的所有东西，十分方便。

❹预留一些空间不放东西。

有时我们要把吃剩的蛋糕和剩菜放入冰箱内，所以冰箱内的架子上有一部分的空间要空出来，这是保持冰箱整洁的秘诀。

❺还没用完的食材要放到常用食材的前面。

我们经常会在冰箱门的位置放一些调味品和饮料。还没用完的食品要放在前面的位置或视线范围之内，将一些细小琐碎的食物收纳到容器里面，这样就能够较大程度地减少食品被遗忘！

问

虽然我把东西放入了冷冻室，但过后往往不知道放进了什么东西。

●和田千佳子（34 岁·宫城县）

冷冻室收纳的决窍是用篮子进行分类、立式收纳。

我们可以将食物按照米饭、面包、蔬菜、肉和鱼等种类进行区分，然后放入小型容器里面。放入篮子的时候不要重叠摆放，将放置较久的食材摆在前面，既方便寻找又不会遗漏。生姜和大蒜等食材可以分成一次的量放入冷冻室，既方便使用又不会杂乱。

肉类、鱼类

蔬菜

米饭类、面包类

问

能不能告诉我蔬菜储存室的收纳技巧？

●松冈希（30 岁·东京都）

每种蔬菜都可以预先定下存放的位置。

用篮子来进行大概的分类。带泥土的蔬菜以及容易掉菜叶的蔬菜可以放入小型篮子里面，即便篮子弄脏了，清洗起来也很方便；较长的蔬菜可以放在长容器内收纳；叶菜和个头较大的蔬菜要选好放置位置。还没用完的蔬菜也要集中收纳到小型容器里面，可以防止遗忘。

个头较大的蔬菜。

带土的蔬菜。

将蔬菜立放进行收纳。

还未用完的蔬菜。

问

上面和里面的架子常常会被人忽视，有没有什么防止遗忘的收纳方法呢？

●藤田幸枝（28岁·广岛县）

利用托盘和旋转台来实现方便的收纳。

当我们将食材放到架子上方以及里面时，放置方法是有讲究的。我推荐大家使用下面的方法，即可以用带把手的抽屉式托盘来收纳罐装啤酒等食品，也可以将食品放置到旋转台上，这样存放里面的食品时会比较方便。由于存放果酱、梅干、腌制小菜的容器会比较大，无法放入托盘，所以我们可以把这些容器换成较小的瓶罐，进行收纳。

旋转盘。

抽屉式托盘。

问

怎么用塑料篮子来实现完美的收纳？

●林裕美子（31岁·千叶县）

同时使用的食物要分类收纳。

区分食物的种类并用篮子进行分开收纳。如加入海味（用豆腐和海苔制作而成）烹调的日式套餐，加入果酱、黄油和芝士的西式套餐，加入了腌制小菜和鱼粉紫菜的便当套餐等食品。同时用到的食材要分组收纳，烹调时只需拿出篮子即可，能够提高效率。

将面包片和西式套餐一并放上餐桌，早餐就立刻准备好了，十分轻松。

问

我经常会忘记剩下的食材，应该怎么办呢？

●川崎麻由（26岁·群马县）

如果用透明容器收纳剩下的食材，使用者就能够一眼看到，能够防止遗忘。

将剩下的食物放入容器内保存，如果无法从外面看到食物，常常都会忘记。这些食物不仅会占用冰箱的空间，也是造成浪费食物、浪费金钱的原因。如果我们用透明的容器来收纳，从外面就能够看到还剩下什么菜，这是一个很好的方法。带盖的容器可以进行重叠收纳，能够节省冰箱内部的空间。

问

怎样收纳便当的制作小工具呢？

●浅冈惠子（31岁·东京都）

鹤嘴镐和称量器都可以收纳到空瓶里面。使用者一眼就能看到，寻找也很方便。

一些细小的便当制作工具经常会不知所踪，所以我们可以将它们分类收纳到空瓶子里面。鹤嘴镐主要是按照长度和种类来分，如果我们把短的鹤嘴镐和长的东西放在一起，那么从外面就很难看到被遮住的鹤嘴镐，不易寻找。称量器等也要分别放入不同的瓶子。

如果我们把铝杯收纳到带把手的塑料盒内，就不会出现压坏的问题。

如果我们直接把铝杯放入抽屉，很有可能会被其他东西压坏，这是铝杯收纳过程中常常会碰到的问题。如果我们把铝杯放入塑料盒，使用时将塑料盒取出，这样就不会压坏铝杯了。如果塑料盒上带有把手，我们从较低位置的抽屉里取出盒子也是很方便的。

问

怎样才能很好地收纳清洁工具？

●铃木由里子（37岁·长崎县）

将清洁剂和海绵放在离使用地较近的抽屉里，使用起来比较方便。

整套清洁工具都可以集中收纳到水槽下方的抽屉内。清洁剂的包装可以换成能够放入抽屉的瓶子，并将瓶子放在托盘上，使用时直接将托盘拿到清洁地即可。将大的合成海绵切块，大小适中，统一放入容器，并全部放到抽屉里面。

问

抽屉里面的垃圾袋很乱，怎样才能保持整洁？

●吉冈郁美（32岁·富山县）

垃圾袋要根据尺寸的不同放入不同的文件盒里，取放都十分方便。

我们可以将垃圾袋折叠成三角形，放入无印良品的文件盒中。相比折成圆形，三角形占用的空间会小一些。我们将垃圾袋按照S、M、L的大小规格来分类储存，这样我们就能够马上拿到自己想要的尺寸了，这是收纳的小窍门。

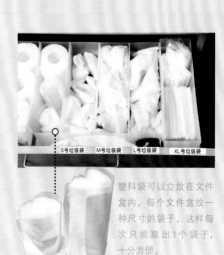

S号垃圾袋　M号垃圾袋　L号垃圾袋　XL号垃圾袋

塑料袋可以立放在文件盒内，每个文件盒放一种尺寸的袋子，这样每次只能取出1个袋子，十分方便。

标签、标记可以帮助我们把握收纳箱中的物品!

吉川小姐将全家人的衣服都放在1个衣橱内,她用贴标签的方法让所有衣服一目了然。这种技巧很值得我们学习。

收纳顾问

吉川永里子

吉川小姐用女性的视角研究出很多整理收纳的技巧。为很多媒体和家庭提供收纳服务! 著有《通往整理达人的道路》(主妇之友出版社)等书籍。4口之家,与丈夫和2个孩子生活在一起。

正是因为衣柜上层的东西难以取出,所以我们才要努力让架子上的物品明显化。

我们可以在衣柜上层放一些大小合适的收纳箱。这个位置的东西都会比较难以取出,所以为了能够轻松地找到东西,我们要贴上标签,标明收纳箱内的东西。

"单品类单收纳",这种明显化的推拉型收纳效果很好。

1个收纳箱放1种物品,并在收纳箱上贴上标签。并且,让衣服的花纹尽量明显化,这样我们就能够没有困惑地挑选自己想穿的衣服了。

利用废弃空间来提升容量! 让衣橱成为"看得见的衣橱"!

小泽认为衣橱里面的格局也是装饰的一部分,为了让衣橱的摆放更加漂亮,我们要高效地利用衣橱这个有限的空间。

小泽秋

小泽对时尚、育儿和料理很有研究,她的博客很受欢迎。在《Como》等杂志上十分活跃。5口之家,与丈夫、儿子和双胞胎的女儿住在一起。

非季节性衣服。

季节性衣服。

在挂衣架里面设置收纳盒

挂衣架搁板里层空间其实是很大的,所以我们用来收纳一些不常用的物品是非常合适的。收纳盒里面可以收纳一些非季节性的小物件,换季的时候,只要把整个箱子取出即可。

根据季节性用L形搁板达到利用里层空间的作用!

L形搁板的边角最容易成为废弃空间。怎样解决这个问题呢? 我们可以将季节性衣服挂在前面,非季节性衣服挂在较难取出的里层空间,这样问题就解决了。

清楚收纳箱中的衣服种类，搭配时就很简单了!

铃木是一位时尚专家，她有很多单品，但是都摆放得井井有条，这都要归功于她的收纳规则。她非常讲究"衣橱的明显化""取放的方便性"。

以"放回原位"为出发点处理好下装的收纳

进行下装收纳时，可以利用取放方便的挂衣架，只需要一个动作就可以完成取放，十分方便。每一件下装都挂在衣架上，便于挑选和整理，并且衣服也不容易发皱。

不常穿的衣服可以暂时放置在衣柜上层

我们可以在衣柜上层设置一个收纳箱，用来收纳使用频率逐渐减少的衣服和提包。将衣服放入收纳箱的时候需要考虑一下衣服折叠的问题。如果我们能够预先设置一个放置衣服的地方，那么整理工作就会简单很多。

要选用半透明的衣服防尘袋，这样容易看到里面的衣服

为了防止衣橱内颜色的混乱，防止衣服沾上灰尘，我们常常会在衣服上套上防尘袋。如果是半透明的防尘袋，我们就可以看到里面的衣服，节约搭配的时间。

考虑到取放衣服时走的路线，我们可以分领域将衣服放入抽屉。

领域一致的单品可以集中收纳在一个地方。卷好的衣服可以放在外套和外衣旁边的抽屉里，如果我们按照换衣的顺序进行链条式摆放，能够大大提高换衣的效率。

设置一个暂时摆放睡衣的地方。

换完衣服后，睡衣应该放在哪里呢?我们要设置一个暂时摆放睡衣的地方。"不能让人因此而焦虑，收纳必须做到体贴，要为家里人考虑。"

要点

LIFE STYLE
创刊者

铃木尚子

"SMART STORAGE" 的代表。有着多年的服装工作经验，她将收纳与时尚融合到了衣橱里面，广受好评。4口之家，与丈夫、儿子和女儿生活在一起。

衣橱收纳问与答

如果每天取放衣服都能轻松些就好了……这些与衣橱收纳相关的烦恼，我们会用实际例子来为你解答！接下来我们会严格挑选一些简单实用的收纳技巧与你分享！

基本技巧

问

怎样才能有效地利用衣橱的里层呢？

●小林亚美子（30岁·东京都）

前后2排都摆上收纳盒。用标记、标签的方法来标明后面1排收纳盒内的东西。

我们可以在有里层的衣橱里面摆放收纳盒，前后总共2排，这样就不存在空间浪费的问题了。前后的收纳盒都放入相同的东西，我们只需要在前面的箱子上贴标签即可，这是诀窍之一。即便我们看不到后面和下面的箱子，但是我们也能马上知道箱子内有什么东西。

标签。

在衣橱下方的里层放置一个挂衣架。

下装的收纳可以采用夹式挂衣架。与吊挂相比，还是将下装挂在挂衣搁板上比较好。这种收纳方式能够有效地利用里层的空间。活动式的下装挂衣搁板也可以用来收纳丈夫的短裤。因为搁板带有脚轮，所以即便是不擅长收纳的人也能够进行简单的整理。

拉出即可。

问

怎样折上衣才能既不发皱又便于寻找呢？

●山下优（大阪府·28岁）

利用衣服的腰身，将衣服折成长方形。这样的收纳能够节省收纳箱的空间！

衣服腰身保持原样，将衣服对折，此折叠技巧非常有效。这种简单的折叠方式不会让衣服的前后身以及袖子发皱。折好的长方形衣服的宽度与收纳箱的宽度刚好一致，不会浪费收纳箱的空间，能够实现充实的收纳。

1

2

3

1.将两端的袖子对折。2.两肩的部分往下摆方向对折，再对折。3.将衣服摆放到抽屉里。即便是取出1件衣服，其他的衣服也不会变形。如果我们把衣服带花纹的一面朝上放置，找衣服就更加方便了。

背心的肩带可以往中间折叠！

背心等有肩带的衣服可以将肩带的部分折到中间，这是折叠背心的小诀窍。即便是我们把背心立放在抽屉里面也不会变形，肩带也不会弄得乱七八糟，我推荐大家实用这种方法。

1

2

1.以肩膀到腋下的长度为标准将衣服三对折。2.左右三对折，这样衣服就变小了。由于我们折叠得很严实，所以抽屉里面的衣服不会变形，肩带也不会散出来。

折衣服时要考虑到收纳箱的高度。一般以肩膀到腋下的距离为标准。

折叠好的衣服长度由收纳箱的高度决定，这是一个关键点。如果因为衣服不同而要改变折叠的长度，那样的折叠就会非常麻烦。所以，我们一般将肩膀到腋下的距离做为折叠长度的参考标准。折叠时还要考虑到衣服的宽度，像紧身短大衣这样的上衣要根据收纳箱的高度调整折叠方法。

1

2

1.留出肩膀到腋下的部分，从下摆开始对折衣服。之后将留出的部分放到衣服上，根据衣服的宽度折叠数次。2.纵向收纳，分前后两排，这样的摆放方式效果较好。如果我们将衣服的折痕朝上放置，取放衣服就变得很方便了。

问
怎样收纳尺寸不一的提包呢？
●与田叶（34岁·东京都）

将提包立放在较深的收纳箱子内，这样就可以很快找到自己想要的提包了。

怎样收纳宽度、高度各不相同的提包？这是一个收纳难题。将常用的提包集中在一起，立放在箱子里面，这是一种收纳方法。运用这种收纳方法，我们能够看到提包整体的样子，将提手朝上放置，取放提包就方便多了。

可以按照颜色的不同对提包进行分类，为搭配提供便利。

根据颜色的不同，将同色系的提包放入1个收纳箱，使我们搭配衣服更加方便。提包往往是搭配完成的最后一步，我们可以将提包分黑色、米色等色系进行收纳。另外，这种收纳方法还有一个优点，就是能够防止我们在搭配衣服时忘记手提包的存在。

问
怎样收纳每天都要用到的手帕呢？
●千田彩（25岁·埼玉县）

将手帕放入带盖的收纳箱内。即使我们将收纳箱摆放在显眼的位置，整体看上去也很协调。

与其将常用的手帕类物品放入抽屉，还不如把它们放到收纳箱内。取放方便，又能够整体隐藏起来，与房间的装饰融为一体。我们可以把家人要用的手帕都收纳到1个收纳箱内。"当收纳箱装满的时候，就暂时不用买手帕了。"如果我们能够遵守这样的规则，就能避免出现手帕过多的问题。

问
收纳体积较大的紧身裤和袜子的时候，有没有什么诀窍？
●川北潮（福冈县·29岁）

紧身裤要压平折叠，采用立式收纳。紧身裤的折叠与T恤等上衣相同，立放在收纳箱内的话，我们取放衣服就很方便。所以，将衣服平放折叠是很重要的。一开始将衣服全部展开，最后从两端往开口方向拉，整理好形状即可。如果我们能够掌握这个要点，就能够把紧身裤折得很漂亮。

1.将紧身裤整体平放，纵向对折，两端对齐后再对折。2.重复翻开腰围的部分，包裹住整条裤子。3.将腰围部分反面的一侧展开，整理形状，让折好的衣服保持平整。4.立放在抽屉内。

袜子的折叠要平且方，这是基本的技巧。根据长度的不同来摆放袜子，这样找起袜子来就很方便了。

袜子与紧身裤一样要折叠成方形，立放在抽屉里面，既方便寻找又方便取放。根据长度的不同来摆放袜子，这一点也很重要。我们并不需要买很多的袜子，这是确保整洁收纳的窍门。

1.不同的袜子折叠次数也不相同。我们将袜子折叠起来，最后把折叠好的袜子塞进袜口里面。2.分类摆放袜子，按照长度的不同立放在抽屉内，这样我们就能立即发现自己想要的袜子了。

问
怎样才能更好地利用废弃空间呢？
●三岛佳奈子（31岁·兵库县）

我们发现很多空间都没有得到有效地利用，可以在衣橱门后挂一些小物件。

我们发现衣橱内还有很多空间可待利用，比如衣橱门后的空间。我建议大家在门后贴上挂钩，将帽子等小物件或孩子的抱凳等常用的物件挂在这里，需要时马上就可以拿到，十分方便。

问
非季节衣服和棉被该怎么收纳呢？
●和田绘里（北海道·27岁）

我们要确保储存的空间。取出和放回都可以快速完成！

非季节性的外衣可以不放到收纳箱内，专门设置一个用于储存的空间，挂在衣架上。我们要做的仅仅只是替换工作。如果我们设置一个带布套的衣橱，就能够将衣橱内全部的季节性衣服替换过来。

羽绒被和羽绒服等过大体积的衣服可以用压缩袋进行收纳。

羽绒服、棉被以及电热毯等较厚、体积较大的物品可以用压缩袋进行收纳。冬天的很多衣服都能压缩成让人意想不到的袖珍版。替换衣服的时候，只要花一点工夫，就能够有效地利用空间。

问

能不能介绍几种既好看又好用的收纳物品？

●户田美奈子（36岁·广岛县）

丈夫的小物件要进行分类收纳，我们可以利用一些专门的收纳物品。

领带和皮带等男性饰品都很难收纳。我们可以充分利用托盘或领带架等专门的收纳物品来整理，这是收纳丈夫衣橱时要掌握的诀窍。衣橱内一目了然，每天出门的准备工作也就简单多了。

1.宜家的这款收纳盒很实用，只要拉出即可取到里面的东西。2.在分类好的收纳箱里立式收纳物件，要重视寻找的便利性。

便装衣柜的旁边可以设置一个区域，用来收纳西装等工作套装。

将带把手的收纳箱放置在衣柜上层，能为我们带来方便！

在衣柜上层的收纳方面，我建议大家使用带把手的收纳箱。既便于取放又能够减少空间的浪费。照片中的收纳箱为宜家的"SKUBB BOX"系列。因为这款收纳箱有把手，能够轻易从高处取下物品，所以很受人们的欢迎。

篮子和铁皮箱等收纳物品既有实用性又有装饰性。

生活当中能够发挥重大作用的物品并不是所谓的"收纳物"，收纳最高级的技巧便是随即应变的收纳。例如，将手工艺品收纳到篮子里，将剪刀、纽扣等物品收纳到从花店里买到的马口铁箱里。如果过分讲究收纳物品，房间就显得缺乏生活气息。

打开！

问

衣服配饰容易弄乱，有没有什么方法可以防止配饰丢失呢？

●吉田恭子（26岁·石川县）

分抽屉摆放配饰，体积较大的配饰可以用盒子来装，体积较小的配饰用杯子来装。

我们可以根据长度和种类将配饰收纳在梳妆台的抽屉内，这样搭配起来比较方便。项链类物品体积较大，也比较长，所以我们可以根据项链的材质进行分类摆放。戒指和耳环可以用硅胶杯来收纳，把相同的饰品放在1个硅胶杯内。这种做法可以很好地防止配饰丢失。

项链。

较长的饰品可以根据材质的不同来分类摆放，比如绿松石，木材等。这样搭配起来也比较节约时间。

我们可以选择不会对饰品造成伤害的硅胶杯来收纳细小的饰品。

耳环。

常用的饰品和偶尔使用的饰品要分开收纳。

每个季节都会有经常佩戴的饰品。常用饰品可以放在梳妆台上的珠宝盒内，不常用的物品可以放到梳妆台的抽屉内做备用。一旦发生季节和搭配的改变时，可以重新调整常用饰品和备用饰品的位置。

3.常用饰品。放入珠宝盒，并将珠宝盒放在伸手能轻易拿到的地方。4.备用饰品。用袋子将成对的饰品包起来放入抽屉内。

问

怎么收纳围巾类饰品呢？

●西真希子（32岁·京都府）

季节性围巾可以卷挂在挂衣架上，这样管理起来很方便。

围巾类饰品不需要收纳到盒子内，我们可以将它们卷挂在挂衣架上，既便于取放又便于整理。如果围巾照原样挂在衣架上，衣橱内部会显得杂乱，所以我们将它们卷挂起来。

不容易发皱的围巾可以卷起放入抽屉。

如果围巾的材质不容易起皱，我们可以将围巾卷起放入抽屉内。这种方法与卷挂衣架相比更为节省空间。放入抽屉时，围巾不要重叠摆放，要能让人一眼就看到围巾的样式，这是摆放围巾时要注意的地方。

问

怎样收纳帽子才能既保持原样又节省空间呢？

●石原爱（31岁·冈山县）

常用的帽子可以重叠收纳在一起，其他帽子可以集中收纳到托特包里。

1.常用的帽子可以收纳在伸手可以取到的位置，这种方法在保持取放的便利性方面十分有效。草帽等材质的帽子可以重叠收纳。2.虽然是当季饰品，但是如果使用次数较少，我们可以把它们收纳到较宽的托特包内，再把整个托特包放到衣橱收纳箱上闲置的空间里。托特包的包口比较大，所以我们可以轻松地从包里取出帽子。

问

能否提供一种可以让孩子自己进行的玩具收纳方法？

●藤井美香（27岁·宫城县）

分区域收纳玩具，调整玩具位置时，要让孩子一起参与。

不论大人再怎么整理，保持状态总是一件很难的事情。收拾孩子的东西时，比如抽屉的分类和整理等活动一定要与孩子一起进行。孩子们会思考怎样让自己喜欢的玩具放在容易取到的位置？这也是一种练习，让他们养成每次都收拾玩具的习惯。

玩具放在哪个抽屉？抽屉里面有哪些玩具？抽屉的区域是如何划分的？这些事情最好要与孩子一起决定。

睡前要收纳玩具。如果实在无法做到睡前收纳，我们可以把玩具暂时放到篮子里，保持房间的整洁感。

同一类型的玩具集中收纳到一个箱子内，这样可以防止杂乱。

我们可以把孩子们在同一个游戏里面要用到玩具收纳到一个箱子内，比如过家家的玩具、电车游戏等。这样一来，孩子玩游戏时就不需要东找西找，既不会乱又方便整理。

问

在收纳整理儿童服装方面，怎样收纳才能方便取放？

●长田佳子（30岁·兵库县）

不要细分衣橱内的衣服，要站在孩子的角度，便于它们寻找衣服。

减少收纳位置，不要细分衣橱内的衣服。儿童用衣橱内的空间区域要划分得简单些，上方放外出要用的物品，下方放外出的衣服。这样孩子就能够自己取放东西了。

常穿的衣服可以挂在衣架上。

清洗、晾干穿着周期较短的童装以后，保持原样地挂在衣架的搁板上，这是一个非常方便的收纳技巧。反过来说，穿着次数较少的洋装和外出服可以转移到收纳箱内。因此，正确判断（"用"还是"不用"）是非常重要的。

村上直子

就职于 afternoon tea living，是一名收纳顾问，经常在杂志上露面，居住在神奈川县，与丈夫、2个儿子住在一起，4 口之家。

隐藏

不想让人看到的东西可以放入起居室的藏衣间内。

根据观看次数来决定广告的收纳位置。重要的广告放在中间和上方等易于取放的位置，可以丢掉的广告放在下方。

宣传单

根据用途的不同，将胶带等日用品放入不同的小型塑料盒内。使用时，只要取出盒子即可，十分方便。

日用品

放入抽屉的文具要进行分类收纳。为了让人一目了然，我们可以做上标签，标记文具的种类。

文具

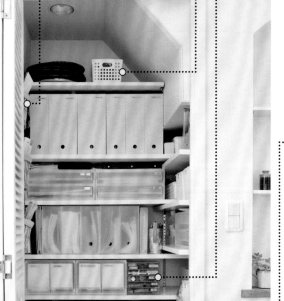

药品

分类摆放急救药品，从箱内可以方便地取出创可贴和药膏，用完以后再放回盒内，这样的收纳能够节省空间。

明显 × 隐藏

将物品隐藏到篮子和盒子内，消除房间内杂乱感。

遥控器类的物品

如果将充电器放在地板上，容易积尘，所以我们可以将物品整个儿隐藏到带盖的篮子里。经常使用并且容易丢失的遥控器可以放入无盖篮子内。

明显×隐藏的切割收纳
消除了空间的杂乱感

30m² 的起居室和餐厅显得很整洁，完全感觉不到杂乱。其秘诀就在于这种有藏有显的收纳方式，除了装饰品以外，其他物品都被收纳到了门后以及箱子内。我们要领会这种切割收纳的奥秘。

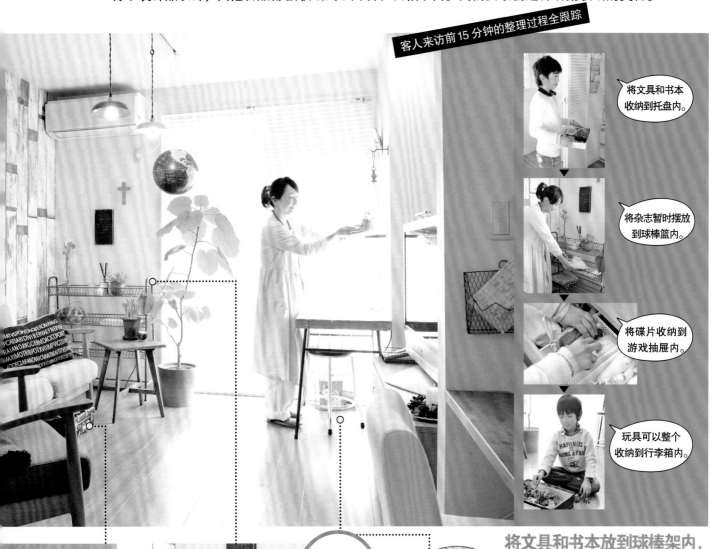

客人来访前15分钟的整理过程全跟踪

将文具和书本收纳到托盘内。

将杂志暂时摆放到球棒篮内。

将碟片收纳到游戏抽屉内。

玩具可以整个收纳到行李箱内。

明显化

玩具

我们可以把玩具放入贴有标签的行李箱内。箱子可以做为房间的装饰。将孩子杂乱的玩具全部放入箱子，并关上箱子即可，这样的收纳既省时又省力。

将文具和书本放到球棒架内，能够保持房间的协调感。

文具和书本是不可缺少的生活用品，我们可以把它们放到篮子里，再将篮子塞到桌子的下方。常用的物品可以收纳在伸手能够到的范围内。如果我们选用球棒篮，即使是随意地放置也显得很协调。

局部！

设置一个临时放置地，可以用杂志等物品来装饰一下，这样房间就不会显得很乱。

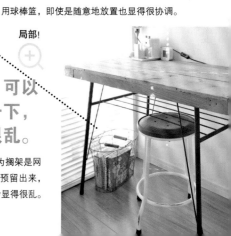

我喜欢用球棒搁架来设置临时放置场所，因为搁架是网状的，不会有压迫感。搁架下方的空间可以预留出来，作为零碎物品的暂时放置地，这样房间就不会显得很乱。

案例 11

设置临时放置地，即便孩子在家也能实现轻松整理！

如果我们没有设置物品的临时放置场所，那些没有固定位置的物品就会搞得房间乱七八糟的。江口家中设置了许多临时放置场所，她打造了一个整体整洁，易于整理的起居室。

客人来访前15分钟的整理过程全跟踪

先把玩具放到篮子里。

绘本可以摆放到多屉柜上面。

只需一个动作就能将房间恢复原样，并且不会弄乱绘本。

柜子上方可以暂时用来摆放绘本。即便起居室内满是绘本，我们也只需要一个动作就能够将其恢复原样，完全不会让人感到麻烦。柜子的高度刚好是孩子自己能够整理的高度，这是我们要重点注意的地方。

设置临时放置的地方，方便收纳整理。

如果一一整理孩子的电话本以及信件，要花费不少工夫，所以她在架子上设置了一个临时放置地。迷你卡片等零碎的玩具可以放入文件盒内，这样一来，文件盒就可以立放在较小的空间里面。

虽然书房和洗衣房暂时有些杂乱，但是我们可以将它们很好地隐藏起来。

江口惠子

3口之家，与丈夫和孩子生活在丈夫设计好的独户住宅内，丈夫是一位建筑师，江口小姐是一位室内、食物搭配师。她所居住的2层居室面积为37m²，采光很棒。

起居室里面的空间是工作间和洗衣房。即便有些乱，但是她将百叶窗拉了下来，很好地隐藏了室内的杂乱。将杂乱的区域整体隐藏在屋子里，这是一种很好的方法。

百叶窗内的景象

尽量减少收纳位置，
控制物品的数量！

"东西太多，无法收纳。"北见小姐认为，只要我们不特意增加收纳空间，这个烦恼就能够得到解决。家里有的东西都是经过严格挑选的。并且，希望大家务必掌握装饰、隐藏的分割收纳技巧。

客人来访前15分钟的整理过程全跟踪

将电脑放回原来的位置。

布袋玩具收回袋子里。

将广告集中收纳到架子上。

抽屉内部。

电线。

音响物品、打印机

说明书。

1　2　3

电视架下的每个抽屉都可以进行分类收纳。

左边的抽屉用来放数码相机和干电池等物品，中间的抽屉用来放DVD，右边的抽屉用来放药品等日常用品。不要购买抽屉以外的其他类似物品，家中就不会增加一些多余的东西。

杂志、毯子可以放入开口较大的篮子内，方便使用。

正在阅读的书籍、杂志，沙发上用的毛毯都可以收纳到从杂货店买回的篮子内。既易于取放，又不会影响房间的装饰。这种简单的设计很讨人喜欢。

1.外表不怎么好看的电线可以用"B－COMPANY"的黑色收纳盒收纳。2.电脑、笔记本、日历下方放置打印机。由于这些物品的放置场所高度较低，所以在房间内并不怎么显眼。3.孩子所画的画可以收纳在说明书盒的后面！

北见芙美子

LIFE STYLE 的创刊者，有2个孩子，4口之家，住在神奈川的公寓内，公寓是10年前买的。开放式格局，起居室和餐厅面积为21m²。

餐厅周边都是日用品的隐藏地。

大变革！收纳达人针对

收纳前

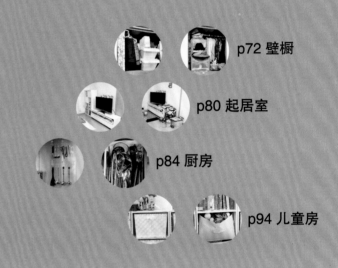

Before

收纳的大改造！
收纳后

很多人都有"整理好以后为什么很快就乱了""东西太多无法收纳"等收纳烦恼。我们能否将这些问题归结于房间格局和生活风格而放弃改变呢？这其实只是你自认为正确的想法。对于充满问题的空间收纳，只要我们运用一些收纳规律和收纳技巧，房间立刻就会焕然一新。我们广泛听取了收纳达人们的创意，对拥有各种收纳问题的房间进行大改造！

After

壁橱

"物品堆积过多,很难取出里面的东西!"

———— 收纳前 ————

事实上壁橱的背面也堆积着很多东西!

小橱柜上放着 4 个衣服收纳箱子,应季服装以及尺寸不一的衣服塞得很满。

里层大小不一的抽屉式收纳箱之间放着一些帽子,导致放在后面的雨伞难以取出。

吹风机等挑选衣服时无需用到的物品也放进了壁橱。吹风机的电线绕在一起,妨碍了其他物品的取放。

错误点

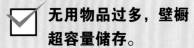
☑ **无用物品过多,壁橱超容量储存。**

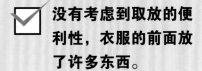
☑ **没有考虑到取放的便利性,衣服的前面放了许多东西。**

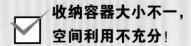
☑ **收纳容器大小不一,空间利用不充分!**

金子一直都为"东西过多""取放不方便"而烦恼,其主要的原因是壁橱里面堆积了很多无用的东西。这些无用品挤压了收纳空间,导致衣服溢出壁橱。

放不进去的衣服被收纳在箱子里,箱子放在房间的一个角落里。基本上都是现在已经不穿了的衣服。

室内造型师大御堂美唆对房间进行了改造！

用手推车和横杆对房间大改造，物品取放变得十分方便！

因为隔扇的原因，所以左右两边不得不分开进行收纳，这就势必会造成空间的浪费。我们将隔扇取出，看起来就像
一个整体衣橱。常用的物品放在伸手能够够到或衣橱的前面位置。这些细节都是应该注意的地方！

完美解决
收纳问题！

收纳后

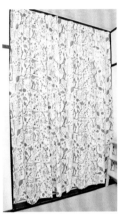

大御堂采用了绿色花鸟主题
花纹的窗帘来取代隔扇，两
边都可以打开，让衣橱的使
用更加方便。整个房子洋溢
着一种明朗的感觉。

收纳技巧见下页

❶用手推车柜子实现利用里层空间、取用方便的效果。

在手推车上面摆放 3 个柜子,确保放置衣服的空间。每个柜子放一种物品,这样取用和收纳就十分方便! 即便我们将柜子塞满,也不会产生压迫感。

衣服要分类收纳在柜子里面。根据壁橱的高度,我们可以定做一个架状收纳盒,作为帽子的收纳空间。腰带和披肩可以卷挂在衣架上,不仅使用方便,而且能够提升房间的时尚度。

连衣裙可以卷起来放进柜子里。

柜子内还要用盒子进行分类。

短裤可以叠至原来的 1/4 宽。

❷用书架型盒子收纳小物件,既不会弄坏物件,又能够提高取放的便利性。

根据壁橱的高度,我们可以定做一个架状收纳盒,以此作为帽子的收纳空间。腰带和披肩可以卷挂在衣架上,不仅使用方便,而且能够一下子提升房间的时尚度。

❸用挂衣架横杆来增设收纳空间,收纳一些不能叠的衣服。

在左右墙壁上安装两根挂衣横杆,这样就能够提高收纳能力。一些无法折叠的夹克衫、衬衫都可以挂在这里。里面可以挂一些平常不穿的衣服。

❹根据放置地点和物品来区分收纳盒。

较重且难以移动的布类物品要放在稳定的收纳箱内，较轻且偶尔使用的手工艺品可放到下方的盒子内。塑料盒能够提升房间的收纳能力，根据放置地点和物品来区分收纳盒，这是分类收纳的奥秘。

我们可以把东西塞进收纳盒内，即便物品堆积在一起也可以使用。

这是一款可以重叠摆放的收纳良品，盖子半开。质地厚且重，比较稳定。打开盖子就能一眼看到底，伸手就可以够到。

将可以重叠的带盖盒子放入里层空间。

这是一款带盖的收纳盒。盖上盖后就能够储存物品，十分方便。在大盒子上面叠加上一个小盒子，能够有效地利用空间。

小橱柜内可以放一些带把手的长方形盒子。

为了防止手工艺品的配件散开，我们可以把配件装入带拉链的盒子内。由于这些东西重量较轻，所以我们可以把它放到小橱柜里面。盒子把手为纵向设计，所以即便是放在高处也能轻松取放。

❺放入壁橱内的物品要区分前后。

壁橱分为"前""后"两列，收纳能力大大提高。里面放置着洗衣篮，用来收纳冬天的针织服装。由于手推车柜子带有脚轮，所以我们可以轻易地取到后面里层的东西。

不常用的物品可以收纳在里层空间

我们可以在壁橱内部的废弃空间里面放一个细长的洗衣篮，用来收纳一些不常用的袋子。在冬天到来之前，我们也可以把不用的毛毯和棉被放在这里。

相同型号的盒子重叠摆放，减少了空间的浪费！

衣服收纳盒是半透明的，能够让人一眼就知道里面放着什么。即使不取出前面的收纳盒也能知道后面收纳盒里所放置的物品。相同型号的盒子叠放在一起，使用起来十分方便。

"找不到衣服、玩具和棉被等必须品!"

收纳前 ···➤ 收纳后

错误点

☑ **没有灵活利用手推车,使其卡在开口处!**

☑ **长款衣服被手推车被挤得皱巴巴的!**

☑ **小物件和玩具没有固定的收纳位置,存放地点零散!**

衣橱门妨碍了推车的进出。帽子和围巾等小物件的收纳位置很分散。连衣裙被下方的推车挤着,这是衣服起皱的主要原因。

推车里面满是手提包和玩具。

认真考虑物品的特征，调整物品的收纳位置！

以"用""不用"为标准来调整物品的收纳位置！用途不同，收纳位置也会有所不同。经过改造，增强了衣橱的功能性，使用者能够马上找到自己想要的衣服。手推车的问题也得到了解决，曾经令人烦恼的连衣裙也得到了完美地收纳！

完美解决收纳问题！

这样就能解决问题！

❶ 将手提包放入带把手的盒子上方，取放十分方便。

上方可以放置一些较轻的带把手的布袋盒子，前后排列，这是解决问题的重点。里层放置不常用到的备用袋子和提包，常用的放置前面。这样一来，空间就得到了充分地利用。

局部！

这样就能解决问题！

❷ 棉被放入压缩袋，再将收纳箱放入衣橱里面。

一旦我们把棉被放入压缩袋的话，它就会被压缩成体积较小的物品。我们将压缩袋放进衣橱的里层，这样可以有效地利用空间。注意要定期做防潮工作。

这样就能解决问题！

❸ 长款衣服要吊挂起来。

取放方便、较易出现褶皱的下摆较长的衣服可以挂在墙壁一侧的废弃空间里。按照顺序，将衣服从长到短进行挂放，这是解决问题的重点。

这样就能解决问题！

❹ 小物件收纳时要露出花纹和颜色，这样取放会比较方便。

如果将小物件放入吊挂式收纳架内，我们会常常找不到东西。帽子和披肩的摆放都要考虑寻找的便利性，这是很重要的。所以，抽屉摆放的过程中，一定要让人一目了然。

"难以利用里层空间的L形衣橱"

收纳前 ┈┈┈┈┈┈┈┈┈┈┈┈➤ 收纳后

丈夫的书籍和帽子杂乱地扔在上方的夹层里。

错误点

☑ **东西塞得过多,收纳好的衣服取不出!**

☑ **没有小物件的收纳位置,十分杂乱!**

☑ **放置在地板上的衣服难以取放!**

1个衣架挂3件衣服。

由于衣架搁板是L形的,所以很难利用。放入袋子的衣服、塞进篮子里的袋子提包、待清洗的洋装都处于杂乱状态。

采用路线收纳的方法达到利用空间和分类收纳的作用！

右边是知花的洋装，左边是丈夫的西服。由于丈夫的西服长度较短，所以我们可以在下方位置放进装内衣和T恤的收纳箱，这样就很好地利用了L形的变形衣橱。

完美解决收纳问题！

这样就能解决问题！

❶ 带盖收纳盒重叠在衣橱上方，根据使用频率分类收纳物品。

袋子、提包等不常用的物品可以放在上面，非季节物品和聚会时偶尔用到的物品放在下方的箱子内。由于收纳盒有盖子，可以重叠摆放，所以非常方便。

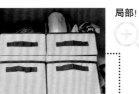

局部！

这样就能解决问题！

❷ 以 L 形为中心进行路线式的收纳和空间的划分！

以L形为中心进行路线式收纳，空间的划分也是不可替代的。找一个尺寸刚好的收纳箱收纳各种零碎的小物件。由于收纳箱有盖子，所以抽屉里面可以收纳袜子和衬裙。

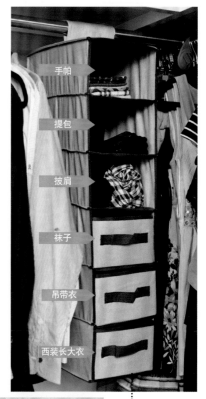

手帕
提包
披肩
袜子
吊带衣
西装长大衣

这样就能解决问题！

❸ 在洋装收纳位置贴上标签，T恤要露出花纹，这样才便于挑选！

1.把丈夫的T恤收纳到箱子内，在拉口处贴上标签，方便寻找。2.抽屉式收纳的关键就是要露处花纹，就像书籍的书脊一样。用亚克力板进行空间分割，既不浪费空间又方便取放衣服。

局部！

T-shirts

在收纳箱的拉口处贴上标签！

局部！

起居室

"起居室角落很杂乱，零碎物品到处都是。"

收纳前 ➡ 收纳后

错误点

☑ **起居室内没有搁架！**

☑ **冰箱位置不正确，无法搬动椅子！**

除了装修时设置好的收纳之外，没有自己添加搁架等收纳物品。难以发挥冰箱等家电和家具的原有功能，起居室的生活环境不舒适。

这样就能解决问题！

❶调整吧台上电话的位置，设置电话台。

狭窄的吧台上到处都是缆线，让人很苦恼。将搁板架作为电话台使用，电话旁边可以放置一小块软木板，用来记录留言信息。

将起居室内要用到的物品放置在搁架上！

购买一个搁架，将起居室中零散的物品都集中收纳到搁架上。这样一来，收纳效率就会有所提高，生活环境也会变得相对舒适一些。将冰箱转移到厨房，整体外观就会整洁一些。"

完美解决收纳问题！

局部！

这样就能解决问题！

这样就能解决问题！

❷数码设备可以集中收纳在搁架的中间位置。遥控器等物品可以隐藏在收纳盒内。

音响要放在中间位置，方便人坐在椅子上使用。遥控器和纸巾等经常要用到的物品可以隐藏起来，放入收纳箱。这样就不会过分显眼了。

❸收纳盒要区分"大人用"和"儿童用"。

玉置和丈夫的书籍等大人用的物品要与孩子们的玩具分开收纳。将这些物品放置在孩子自己可以拿到的下方位置，这一点很重要。

"儿童用品和玩具杂乱，难以保持整洁。"

收纳前

明显化

错误点

☑ **没有决定玩具的固定收纳位置！**

☑ **收纳家具过少，难以整理！**

三木住宅的起居室基本没有收纳家具，东西过少，看起来很单调。另一方面，越来越多的儿童玩具给人留下杂乱的印象。

局部！

这样就能解决问题！

❶ **书籍和小物件的收纳要明显化。**

常用的物品以及视觉效果良好的物品可以放在外面。利用门后的空间和篮子来完成这种有藏有显的收纳。

明显化

这样就能解决问题！

❸ **玩具要收纳到篮子里。**

1.整理完女儿心爱的玩具之后，将其放入收纳篮中隐藏起来。小人偶等散乱的玩具可以用袋子进行分类收纳，方便取放。2.安装式门后有搁架，可以将自己喜欢的东西放置在搁架的任意位置，十分方便。添加了门和隐藏的架子，搁架的收纳能力得到了很大地提高。

这样就能解决问题！

❷ **安装式门后收纳。**

收纳后

这样就能解决问题！

④用篮子隐藏式收纳尿布和文具。

隐藏

局部！

相对一侧的墙壁上也配有相同的搁架组合。孩子的尿布和保
养品以及丈夫的文具和一些容易产生杂乱感的物品都可以隐
藏在篮子里面。

厨房

"调味品和厨房零部件杂乱，经常是找不到。"

收纳前 ➡️

错误点

☑ **炉子周边的调味品杂乱！**

☑ **手套和围巾位置分散，难以使用！**

☑ **抽屉内的厨房工具使用便利性差！**

看起来好像挺整洁，食材维持原样，调味品错落地摆放着，到处都星星点点地分布着东西。不知道放在哪里的厨房工具却收纳在抽屉里……

这样就能解决问题！

❶ 调味品放在炉边会影响烹调的过程，我们可以用墙面挂钩来收纳。

如果把调味品放在炉子周边，会影响到烹调的过程，一旦需要时可能会很难找。我们可以在墙壁上挂一个挂钩进行收纳，就像杂货店内用来展示的架子那样。

收纳前

收纳后

84

布置收纳时要考虑移动的路线和清洁时的简便性！

炉子的周边收纳着调味品和厨房工具。烹调的时候，我们不需要走动，做出来的饭菜可能会更加好吃哦！灵活运用墙壁的收纳空间，将厨房变成一个使用方便且整洁感十足的地方。

完美解决
收纳问题！

收纳后

这样就能解决问题！

③将盐和砂糖放入瓶中保存。

如果保持袋装，整体会显得杂乱。我们将半包砂糖、盐放入简单的罐子里，这是一种比较流行的做法。

收纳前

收纳后

收纳前

这样就能解决问题！

④用S形挂钩和围巾架来吊挂手套、围巾。

在墙壁上设置一个围巾架，用来挂原先没有放置场所的手套，这个方法很好！S形挂钩能够将隔热垫和其他布料用品集中在一个地方。

收纳后

这样就能解决问题！

②放置在抽屉内的厨房工具可以集中到炉子的周边，这样就可以一边烹调一边使用。

炉子旁边的墙壁上设置一个吸盘式的4连挂钩。汤勺和剪刀等烹调时要用到的工具都可以挂在上面，伸手即可拿到。

收纳前

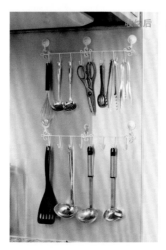

收纳后

这样就能解决问题！

⑤点心和干货可用吊式收纳，方便清洁。

可以在大小不一的布质篮子提手上缝上麻绳，手工制作一个两层式的篮子。因为篮子是吊挂着的，所以料理台的空间变大了，清洁起来也方便多了。

"东西太多了,使料理台看起来更加地狭窄!"

收纳前 ━━━━━━━━━━━━▶ **收纳后**

吊柜

吊柜

ⓐ ⓑ ⓒ ⓓ

这样就能解决问题!

利用收纳物品来提高取用的便利性。

由于吊柜位置很高,东西难以取放,我们可以利用带把手的塑料盒以及旋转台提高取放物品的便利性。另外,收纳能力也能得到提高。

ⓐ 上方放带把手的收纳盒,能够实现自由地取放。

ⓑ 用支棍和纱网增加1个架子。

错误点

- ☑ 只放了砧板和餐具,但是料理台的空间却被占满了,难以使用!
- ☑ 吊柜上空荡荡的,没有充分利用好空间!
- ☑ 餐具的收纳位置杂乱,工作效率低下!

竹岛家的厨房感觉像单身汉的厨房。2个炉子加1个小小的水槽,料理台的宽度只有25cm……因为放不下普通的砧板,所以只能用正方形的砧板。

ⓒ 将碗和茶杯集中收纳到盒子里面。

ⓓ 使用旋转台,提高取放里层物品的便利性。

室内造型师大御堂美唆对房间进行了改造！

利用一些收纳工具来提高收纳能力和厨房舒适度！

通过收纳工具的组合增加收纳空间，高处和里层物品的取放也方便了！厨房环境得到了改善，压迫感骤减。

完美解决收纳问题！

收纳前　　　收纳后

这样就能解决问题！

②用相应吊具来吊挂烹调工具。

设置一个园艺格子窗。用S形的挂钩来吊挂收纳烹调工具。一些烹调工具可以放到带挂钩的篮子里面，十分方便。

这样就能解决问题！

①采用立放和托盘收纳碟子，灵活利用上方和里层的空间。

我们可以用碟子专用搁板进行收纳。由于碟子数量增加，所以取放碟子的时候，我们没有必要把碟子挪开，否则就会降低取放的效率。由于托盘是纵向放置的，所以里层的餐具也可以轻松取出。

收纳前

这样就能解决问题！

③煎锅分2段进行收纳，利用门后的空间收纳锅盖，增加收纳空间。

锅盖怎么放才好？这个问题让很多人困扰。一般我们会在门的后面挂上挂钩，根据煎锅的尺寸在末尾固定钢丝，搁板将空间分成2段，刚好能够收纳！

收纳前

收纳后

收纳后

案例 **08** 藤田祥子的住宅

"乍看挺整洁……但是里面的东西全都看不见。"

收纳前 ⟶ 收纳后

错误点

☑ **由于所有的东西都被塞进了抽屉内，导致抽屉里面乱七八糟的。**

☑ **每个抽屉里面的东西种类不一，实用性不强！**

☑ **甚至将锅都放入了抽屉，取放非常困难！**

与丈夫和女儿住在一起。由于来访客人较多，所以厨房周边并没有摆放什么东西。"由于东西都被我收拾起来了，所以抽屉里面乱七八糟的。我想了解一些有效的收纳方法。"

这样就能解决问题！

Ⓐ 用点心杯来收纳小餐具。

我们可以摆脱原先的布局，将6种不锈钢餐具分类收纳在托盘里。使用时，我们可以直接将托盘拿到桌子上，十分方便！

收纳后  收纳前

松饼杯、锯形点心杯可以用来收纳橡皮筋和夹子。

这样就能解决问题！

Ⓓ 用盒子分类收纳众多物品，不要重叠摆放。

收纳后 收纳前

局部！

毛巾和小容器等零碎的物品可以分类放入收纳盒内。利用空间分割棒将占用太多体积的锅盖收纳到门后。

这样就能解决问题！

Ⓕ 厨房工具可以放入流动式收纳盒内。 收纳后

收纳前

将原先的收纳盒改装为可移动隔板的流动式收纳盒。由于工具的尺寸大小不一，如果能够调整收纳箱的隔板，那么小工具也可以放入收纳盒内。

88

室内造型师大御堂美唆对房间进行了改造！
充分考虑到我们在厨房时的料理路线，
采用分类收纳和划分空间的方法来解决这些难题！

抽屉内部的收纳也要考虑"活动路线"，最合理的分类方法是将工具、锅类、食材等区分开。另外，还要掌握与抽屉尺寸、位置相符的收纳方法。"

完美解决收纳问题！

这样就能解决问题！

B 对食品进行分类，并将食品塞到篮子和瓶子里面。

收纳后

收纳前

经常用到的面粉、油、调味料等要放在炉子下方的抽屉内，这样我们在烹调时就能随手取到。瓶子的尺寸和大小要刚好能放入抽屉。

茶叶等可以立放在较深的抽屉里，扁平的食品可以放入篮子里并重叠摆放。这样一来，抽屉的容量便得到了提高！

收纳前

收纳后

这样就能解决问题！

G 利用书挡来提高取放锅的便利性。

收纳前

如果我们把较重的锅进行重叠收纳，取放就会很不方便。用书挡做一个隔板，立放在锅与锅之间，这样就能不费吹灰之力地把锅取出。

收纳后

这样就能解决问题！

其他的抽屉也可以彻底变身！

C 苏打水。
这个抽屉是碳酸水的固定位置，一般可以放24瓶。

收纳前

收纳后

E 便当用品、炉子。
最下面的浅抽屉收纳着还没有使用的便当工具以及盒式炉子。

收纳前

收纳后

H 清洁用品。
将分散在各个抽屉内的清洁用品收纳起来。注意不要存储过多。

收纳前

收纳后

J 食品。
意大利面和罐头等食物要用盒子进行分类收纳，一眼就能够知道其使用的情况，补充物资也很方便。

收纳前

收纳后

"冰箱内都是保鲜袋、各种瓶瓶罐罐,非常杂乱!"

收纳前 ➡ **收纳后**

冷藏室

贴上标签,让冰箱里的东西一目了然。

冰箱内预留出剩菜和剩饭的暂时放置空间。

错误点

☑ 收纳器和保鲜袋过多,不知道里面究竟有什么东西!

☑ 里面有很多已经过期的无用食品。

松本家的冰箱里面塞满了食材和制作点心的材料。乍一看好像很整洁,其实冰箱里面已经没有使用余地了!每次打开冰箱都要费很大力气寻找食材。

这样就能解决问题!

按种类划分区域进行收纳,提升工作效率。

上面两层放置制作点心的材料,中间放置每天都要吃的豆腐、纳豆等食物。按照种类划分冰箱内的区域并对其进行收纳。一旦我们决定好东西的放置位置,就能在使用的时候毫不犹豫地把东西取出,提高使用效率。另外,冰箱侧门的收纳也要充分考虑好,我们可以将每天都会用到的调味品放置在这里,每天打开冰箱门就可以取到。

侧门

使用频率较高的物品放置在一打开门就能取到的位置。

高 低

通过空间划分和标签标注使人能够一眼就明白里面摆放了什么东西！

我们可以按照食品、调味品、制作点心的材料进行收纳，同类物品集中收纳到1个空间。这样我们就能很方便地找到自己要用的东西，冰箱的功能性也得到了发挥！当然，我们也要做一些基本的工作，即标签标注，还要及时扔掉不要的物品！"

完美解决收纳问题！

冷冻室

这样就能解决问题！

优先将每天都要用的食材放在易于取放的冰箱上方。

每天都要制作点心的话，我们就把制作点心的材料放置在易于取放的冷冻室。提前储备的肉、鱼以及冷冻米饭可以分别装入收纳盒内，储存在冰箱下方。

冰箱下方。

蔬果箱

冰箱下方。

实际收纳情况大追踪。

冰箱冷藏室的空间划分

根据使用频率来划分空间！
冷藏室内的食材可分成3类，分别是常用、使用、不常用。我们可以按照顺序，将常用的食材放在伸手可以取到的区域，空间分布是从外层到里层。

准备可以放入里层的盒子！
如果配备一个细长盒子，冷藏室的收纳会十分方便。将食材收纳在里层，但是常常会遗忘，所以我们不要采用横向收纳的方法而是要采用纵向收纳的方法。如果将盒子的颜色统一成白色，外观上也会更加整洁一些。

标签的标注非常重要！
收纳就是通过标签来管理物品的。我们可以做一个大概的分类，即调味品、完成品以及制作点心的材料。无论将什么东西放入冰箱，都要配上一个收纳盒，并在盒上贴上标签。

侧门的整理是有诀窍的！
经常用到的醋和番茄酱要放在打开冰箱门伸手就可以拿到的位置。如果我们将体积较大的牛奶放在前面，那么里层的东西就不好取出来了，这一点要注意。

这样就能解决问题！

冰箱下方用收纳盒区分菜叶蔬菜和长度较长的蔬菜，这样整理和清洁都很简单。

灵活使用收纳盒。洋葱、韭菜、根菜、菌类等分类好后放入收纳盒。因为我们没有必要清洗整个蔬果箱，所以使用十分方便。

"储存室内究竟放着什么东西？我根本就不知道。"

收纳前 ·············· ▶ **收纳后**

完美解决收纳问题！

收纳达人大木圣美对房间进行了改造！

根据重量和使用频率来划分区域，让储存室的使用情况发生明显的改变。

储存室收纳的重点是"重量"。中间可以放置一些常用的干货等物品，然后根据重量来填满其余的空间。最后用收纳盒进行分类，储存室的功能性瞬间增强！

实际收纳情况大追踪。

储存室的空间划分

首先要知道自己拥有哪些东西。东西经常会在不知不觉中增加。所以，我们要将里面的东西都倒出来，了解自己有什么样的东西，哪些是需要的，哪些是不需要的？理解上述问题是很重要的。掌握物品的情况是收纳的第一步。

常用物品

不常用物品

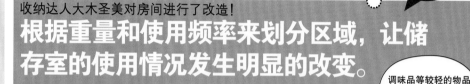

用收纳箱和整理架提高收纳的能力。
家电的说明书可以放到文件盒里，调味品可以放入带脚轮的收纳盒里。不同的物品，我们使用不同的收纳箱。在较大的收纳区域，用整理架增加空间是很有效果的。

想办法让物品的包装明显化。
设计、颜色各不相同的食品可以放入半透明的收纳盒内，只要稍加控制，不要让颜色过于泛滥，整体看起来还是比较整洁的。我们能够从半透明的容器中模糊看到里面的物品包装，这样能为食品的管理提供便利。

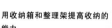

调味品等较轻的物品放在上方，水等较重的物品收纳在下方。

特意准备的防灾物品放在塑料袋内，方便取出。

收纳盒要统一颜色，这样可以保持外在的整洁感。

错误点

☑ **储存室里的物品空荡荡的，没有很好地利用空间！**

☑ **物品的收纳位置很分散，没有整理过！**

我总觉得山村的储存室最下方是空荡荡的。其实，只要放入一些物品，就能够将这个空间充分利用起来，否则就造成了空间的浪费。

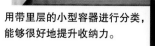

用带里层的小型容器进行分类，能够很好地提升收纳力。

"水槽下面塞满了,看不到里层的东西,使用起来也不方便。"

—— 收纳前 ————▶ **收纳后**

完美解决收纳问题!

收纳达人远藤奈津子对房间进行了改造!

收纳箱能够解决水槽下方区域杂乱的问题!

我们可以在水槽下方放一个抽屉式收纳箱,将里层的物品都拿出来。每天要用的调味品和保鲜膜等采用开放式收纳。结合物品的用途来选择收纳工具,这是非常重要的。

错误点

☑ **物品数量过多,里层的东西取不出来。**

☑ **物品没有固定的收纳位置,仅仅是将物品塞进里面而已!**

水槽下方的收纳能力是很强的,它的里层空间很充足。但是,如果仅仅只是把东西塞到里面,这种做法是无法有效利用空间的,这也是龙野小姐烦恼的原因。

> 结合水槽下方的高度,放入一个收纳盒。

> 保鲜膜等袋子的收纳场所在门后,我们可以手工打造一个这样的收纳区域。

> 由于收纳盒是抽屉式的,所以我们可以轻易地取出里面的物品。

> 实际收纳情况大追踪。

水槽下方的空间划分

有小包装的点心可以取下外包装袋!
一旦空气跑进了点心的外包装袋里,袋子的体积会增加。所以,如果是有独立小包装的点心,可以取下外包装,并将点心收纳到闲置收纳箱内。

瓶状物品要根据高度进行分类。
食用油等较高的瓶子可以放到抽屉式收纳箱内,罐头等较矮的瓶子可以放到收纳盒内。为了让瓶子纵向排列,我们可以使用细长的收纳箱。

分出哪些食材是不要的,要及时处理掉。
由于东西都塞在水槽下方,会积有湿气,容易导致食物发霉。发霉或过期的食品都要集中到一起处理掉。其实,这个收纳区域也是很宝贵的,我们应该进行有规划的收纳。

不常用物品

常用物品

把水槽下方空间清空,便于我们把握整体情况。
首先,我们要把握自己究竟有多少东西,这是很重要的。即便我们觉得这个步骤很麻烦,也要确认一下。要清空、测量、确认后才能准备尺寸合适的收纳盒。

儿童房

案例 **12** 河合瑞穗的住宅

"好多玩具都扔不掉, 塞得满满的, 让我很苦恼!"

收纳前 ⟶ 收纳后

错误点

- ☑ **收纳箱已经塞变形了!**
- ☑ **玩具占据了收纳架一半以上的空间!**

大量的玩具堆积在收纳架上, 压迫感十足, 都快要从收纳箱内溢出来了。划线的部分全都是孩子的东西, 由于容量过大, 给人带来了杂乱的感觉。

弄清楚哪些东西是不要的，这样才能大幅度提高效率！

首先，整理好那些没有用过的玩具，找1个架子先放好。然后，再严格挑选用来装饰的玩具。通过上面2个步骤，我们就能够打造出一个整洁且富有功能性的儿童空间。

完美解决收纳问题！

这样就能解决问题！

❶ 教材文具很容易堆积下来，所以我们要严格挑选全套的教材，并将它们收纳到盒子里面。

教材文具套装每个月都会送来新刊，我们不要老抱着"总有一天会用到"的想法，要果断地处理掉。准备好一个用来收纳教材文具的收纳箱，以收纳箱能容纳的量为标准，这样可以防止东西过量。

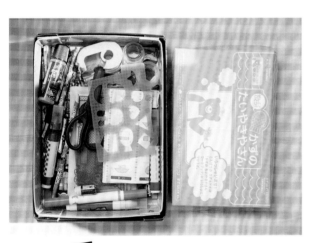

这样就能解决问题！

❷ 收纳箱内要做细分。做到不易散乱，易于取放。

我们可以用透明的袋子将杂乱塞入盒内的玩具分类收纳起来。由于我们一眼就可以看到袋中玩具的模样，所以找玩具的时候很方便，不用再辛苦从里层掏玩具出来了。

实际收纳情况大追踪。

区分无用玩具

把玩具都倒出来！
首先，整箱的玩具都要倒出来。即便孩子说"玩具都在里面了"，我们也要做一次确认。因为事实表明，孩子总会忘记一部分玩具。为了知道收纳箱内究竟有多少玩具，我们一定要把箱子内的玩具清空。

用托盘进行分类，可以分为要、不要、保留、送人！
一些比较重要的玩具和还会再玩的玩具可以归到"要"类；最近不玩或很久没看到孩子玩的玩具可以归到"不要"类；无法马上做出决定的玩具可以归到"保留"类；能够送人的玩具可以归到"送人"类。

处理掉"不要"的玩具，细分"要"的玩具。
用5秒进行判断，要还是不要。一般来说，每一个收纳箱都会有许多不要的玩具。要的玩具必须用袋子分类装好，贴上标签，便于寻找。

"保留"的玩具可以先放置在收纳箱内。
架子上会装饰性地摆放一些物件，如照片或充满回忆的玩具。如果我们无法决定要不要扔掉它，可以制作一个"回忆收纳箱"，将这些东西暂时存放在里面。分箱进行收纳，就不会让人有杂乱感。

TITLE:［収納マジック］

BY:［主婦の友社］

Copyright © Shufunotomo Co., Ltd. 2013

Original Japanese language edition published by Shufunotomo Co., Ltd. All rights reserved. No part of this book may be reproduced in any form without the written permission of the publisher.Chinese translation rights arranged with Shufunotomo Co., Ltd.

Tokyo through Nippon Shuppan Hanbai Inc.

本书由日本株式会社主妇之友社授权北京书中缘图书有限公司出品并由煤炭工业出版社在中国范围内独家出版本书中文简体字版本。

著作权合同登记号：01-2015-1212

图书在版编目（CIP）数据

小户型收纳魔典：巧用空间的收纳术/日本主妇之友社编著；王慧译．--北京：煤炭工业出版社，2015
ISBN 978 - 7 - 5020 - 4847 - 1

Ⅰ.①小…　Ⅱ.①日…　②王…　Ⅲ.①家庭生活—基本知识　Ⅳ.①TS976.3

中国版本图书馆 CIP 数据核字（2015）第 069030 号

小户型收纳魔典：巧用空间的收纳术

著　　者	日本主妇之友社	译　　者	王　慧

策划制作　北京书锦缘咨询有限公司（www.booklink.com.cn）

总 策 划	陈　庆	策　　划	李　伟
责任编辑	刘新建	特约编辑	郑　光
责任校对	杨　洋	设计制作	王　青

出版发行　煤炭工业出版社（北京市朝阳区芍药居 35 号　100029）
电　　话　010-84657898（总编室）
　　　　　010-64018321（发行部）　010-84657880（读者服务部）
电子信箱　cciph612@126.com
网　　址　www.cciph.com.cn
印　　刷　北京美图印务有限公司
经　　销　全国新华书店

开　　本	889mm×1194mm$^1/_{16}$	印张　6	字数　115 千字

版　　次　2015 年 7 月第 1 版　2015 年 7 月第 1 次印刷
社内编号　7702　　　　　　　定价　36.00 元